我是遺物整理師

以死亡維持生計是種諷刺，懷著罪惡感也肩負社會責任

金完 김완——著
馮燕珠——譯

죽은 자의
집 청소

序／

打開門的第一步

手拿著兩個扁平粗糙的黑箱子，按下按鈕，靜靜等待停在高處的電梯下降到我所站立的一樓。每回初次來到現場時，電梯總讓我感覺像寄居在遠處的陌生存在。幾次習慣性地抬起頭來，看著原是兩位數的紅色數字漸漸變得越來越謙虛、越來越小。雖然視線落在電梯門上顯示的數字，但那一個個數字的意義並未深印入心裡。或許，在電梯前的時間，對所有人來說都是以同樣方式公平地流逝吧。上個月離世的您，生前也曾立在這道門前，或許每一次的等待都很短暫，但是累積下來應該也算度過了很長的時間吧。彼此互不相識的我們，從這一刻起開始共享這個時間。

以厚度四釐米、強韌的聚丙烯製成的箱子內裝有各種防護工具。藍色手術用手套、同樣也是藍色的鞋套，另外，還有以透明藍色塑料製成的另一組鞋套。白色的防塵口罩、淡灰色防毒面罩，以及開門的必備工具等，全都分裝在兩個有把手的箱子中。這些防護工具對於我這種職業的人來說，等於是另一層皮膚。就像保險套可以防止生命孕育一樣，我相信這些防護裝備的薄膜可以防止我受到感染、污染、死亡的威脅。

曾經是遠處陌生存在的電梯，現在爽快地向左右敞開胸懷，帶著我一起上升到指定樓層。這時，鼻子變得比任何時候都敏感，我下意識地在電梯裡搜尋。上了年紀的男人慣用的古龍水香氣、剛送來的披薩，還有廚餘也好像曾停留過，落下若有似無的難聞氣味……在密閉的空間裡，嗅覺的追蹤能力提升到極大值。電梯門打開，把我趕了出去，這個追蹤變得無比執著。其實我的工作，是由往生者製造，折磨活著的人的味道帶來的。在積極地去除那些氣味之後，我的工作就完成了，而活著的人會支付給我代價。

請原諒我。即使到了門口，我也不會按門鈴，因為在裡面等著我的並不是您，而是您留下的東西。小心翼翼地打開黑色箱子，套上鞋套，戴上手術用的手套，仔細檢查確認沒有任何鬆脫或可能遺漏之處；先暫時不使用任何可以遮掩口鼻的防護口罩，因為未經任何過濾地聞氣味，這項事實性的測定，是我規劃工作流程和成功交差的基準。現在我就像策劃完美犯罪的人一樣，不留下指紋、腳印與任何痕跡，一如往常自然地抓住大門把手，毫不猶豫地進入屋內。

打開門，邁出第一步，習慣性覆誦「超脫吧」的決心黯然失色，我的鼻子已被死者留下的氣味淹沒，心臟邊緣籠罩著昏暗潮濕的陰影。雖然找到開關打開了電燈，但這一瞬間的光並未進入我心裡。像深夜開在沒有路燈的鄉間道路上，車燈所照明的世界，視野變得狹窄。喉嚨裡像風掠過鹽漠一樣沙沙作響，我突然覺得自己好像在海底緩緩游動的深海魚。氣味的發源地是有一線光明的地方，魚在黑暗中慢慢地游向那微弱的光芒。為了避免被隱藏在沙子裡的珊瑚和擱淺在深海各處的遇難船隻殘骸刺傷，必須盡可能緩慢地前進。

眼黑心弱的魚兒啊，
必須克服恐懼游去那裡，
只有這樣才能從嚴酷的深海壓力中釋放出來。

長期放置屍體的地板必然有一層油膜，為了避免滑倒，必須繃緊神經往前走。那個房間就是您嚥氣的地方。

雖然您不在了，但肉體留下的碎屑仍若無其事地待在那兒，床上乾涸的黑紅斑點誇張地顯示軀體大小。枕頭上，生前在您後腦勺的皮膚與斑白的頭髮也一起乾涸。附著在天花板和牆壁上的肥大蒼蠅，應該正默默地搓著手掌吧。翻開被子，終於找到在奶蜜之鄉擠在一起溫存的蛆蟲們，彼此蠕動摩擦著身體。看到蛆蟲蠕動全身跳舞的畫面，我那彷彿被剝製成標本，裝在有酒精的

玻璃罐裡的大腦，重新找回溫度，開始活動。原本變窄的視野這才像離開隧道一樣逐漸明亮，我來此的目的也清晰地浮現出來。在這裡新誕生的小生命體告訴我，是該將步伐朝另一個方向移動了。

從房間出來，為了掌握這屋子裡各種物品的規模，我開始探索。經過客廳到陽臺，浴室到另一個房間，再經過廚房到玄關鞋櫃。步伐快速移動，原本投射在心上的陰影已經消失得無影無蹤。曾勒緊心臟的黑暗，若遇見「具體直視真相」的強烈太陽，通常就會消聲匿跡，像從未出現過一樣。恐懼總是從心裡開始，又消失在心裡，從來就沒有露出過。

您在這裡獨自結束生命，並停留了很久。今天，我會將您留下的痕跡，以專業技巧清除掉。不過現在，我要先打開門走到外面，再搭電梯至一樓。那裡，剛辦完葬禮的您的女兒正在等著我。在等待電梯的期間，我得先想想待會該怎麼跟她說。

好，現在我要把電燈關了。

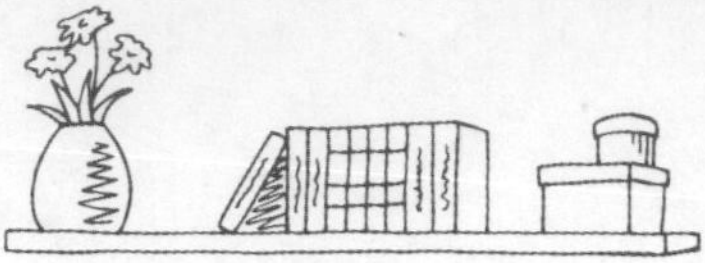

目次

第二章

做有一點「特別」的工作

第一章

清掃某人獨自離開的地方

野營生活

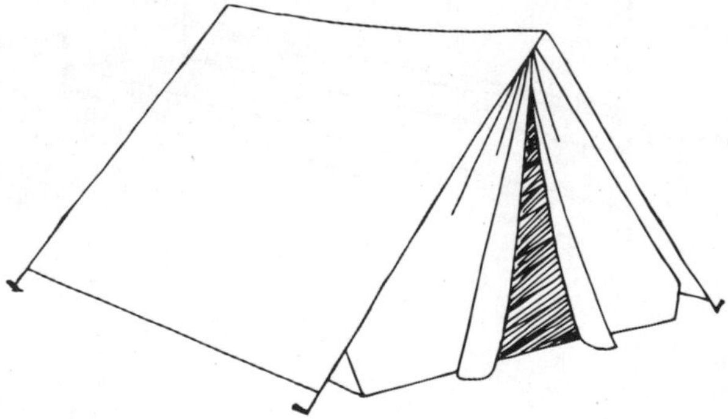

早早吃過晚飯，就在太陽差不多要下山之際電話來了。一個不動產仲介打來，希望委託清掃一個自殺女性住過的套房。仲介東問西問然後小心翼翼地補充：「那是間有點特別的屋子，不過絕不是會讓人很頭痛的那種……總之您到現場看了就會知道。也沒什麼東西，是很簡單的屋子。就麻煩您了。」雖是補充說明，但他的聲音聽起來很平靜，或許只是形式上維持著不冷不熱，適當的溫度，好讓人覺得沒必要再追問些什麼。有時候會遇到對方花費二十多分鐘努力說明情況，但實際到現場看到的卻完全相反；也遇過只有簡短幾句很節制地表達，就能精準暗示現場的狀況。一位年過五十的不動產仲介，長時間下來應該培養了相當的能力，知道如何用客戶聽得懂的方式描述待售物件。

凌晨出發。前一天深夜開始下的雨雖然減弱了，但並未停止。走過沒有止滑帶的狹窄大理石台階，絕對小心不能摔倒。放下沉重的裝備，大門電子密碼鎖已經換成光滑的新品，我按下仲介告知的密碼，隨即響起了連隔壁鄰居也聽得到的響亮解鎖信號音。接下來，為了連自己都不要聽到，我深深吸了一口氣盡可能壓低聲響，轉開把手進入屋裡。衣物柔軟精的薰衣草香和人體腐爛後散發出來的氣味交織在一起，讓人不舒服又甜蜜的味道滲入鼻內。

在黑暗中伸手打開電燈，眼前出現意料之外的景象，讓原本緔緊的神經立刻被一種「驚訝」的感覺拋在腦後。在自殺現場意外遇到的露營地。一頂淡粉紅色的帳篷搭在屋內正中央。入口處有六、七個燒酒瓶，帳篷裡放著厚厚的氣墊，任誰看了都會覺得這裡不過是個暫住的寓所，即使直接搬到河邊的碎石地或樹林中也毫不違和的風景，只是放在屋內這個空間顯得奇怪罷了。沒有電視、梳妝台，散發入住者氣味的只有數個從地板頂到天花板，俗稱「hanger」的金屬吊衣桿而已。

陽臺上擺放著幾個搬家用的黃色PP箱子，數了數一共有五個，箱角好像隨時會解體一樣被用膠帶加強固定，看來已經搬過好幾次家。她所有的生活用品就裝在這五個黃色箱子裡，很可能不是找正式的搬家公司，而是利用可自行駕駛的輕型貨車或小型麵包車，從考試院搬到單人套房、從地下室搬到樓層較高的地上之家。

帳篷到洗手間入口的地板上，血液已乾涸。我忍受不舒服的薰衣草味，趴在地上小心地擦拭。洗手間電燈開關的牆面上也有凝固的血跡。她利用洗手間天花板的天然氣供應管上吊自殺。擦地時，我偶然抬頭看著天花板上的天然氣供應管，突然想到以她的視角俯瞰這個空間會是什麼感覺。如果她吊在那裡，生命中最後一次看到的景象，就是我稍後要拆卸的那頂帳篷的頂端。一個不知天高地厚來到這裡的人殘忍的想像，所有生活的軌跡盡收眼底，當時準備結束生命的她是什麼心情呢？朋友啊，這一切只是某天妳和我一起做的夢，在醒來後回想時一笑帶過，毫無意義的夢。

在包包發現了她的履歷表。高中畢業後就在一家大公司的手機配件廠工作，連續工作五年，又轉職到另一間大企業的工廠做了幾年。再過兩年，她就滿三十歲了。單色背景下，沒有表情的證件照，一個在班級裡好像一定會有同名同姓的常見名字。只有幾行字，餘下很多空白的履歷表無法裝下她豐富的表情和喜歡的食物、不時會哼唱的歌曲、想成為什麼樣的人、愛著的朋友等這些側面記憶。

在帳篷後面發現了幾本書。她就像來到這個世界露營一樣，我很好奇在極簡的生活中，一直陪在她身邊的是什麼書呢？

《什麼都不做的權利》

《如此珍貴的你》

《幸福停留的瞬間》

《真的，只哭了一下下》

《不懂我的心》

全都是療癒心靈的書。在書店發現這些作品後，付錢買回家或是被稱之為「家」的營地內閱讀的她，抱著什麼樣的想法呢？在帳篷裡點亮燈光，讀著文章的她又是什麼心情？如果有人可以理解她的想法，或許她就不會放棄自己的生命。轉眼就到三十歲，也許會遇到珍貴的「你」而陷入愛情裡，雖然偶爾會流淚，但還是能停在幸福裡然後活下去吧？也會對即使什麼都不做，仍能完整維持生命的事實感到安心吧……

不懂我的心，根本就不懂我的心……

我連她心裡的一點枝微末節都不清楚。為了不讓同事看到，我趕緊抹去眼淚，把書倒進袋子裡。今天，在這個一切將消失無蹤、空空如也的地方，一如往常降臨的黑暗格外無情。

資源回收

真的曾有人死在這屋內三個月嗎？

抵達三樓玄關門前，等待我的只有像走廊一樣漫長的黑暗和寂靜。若不是事先已聽過說明，根本就不會料想到裡面發生過什麼事。站在門前也沒有聞到象徵往生者自我介紹一般特有的味道，只是隱約感覺到走廊盡頭的牆壁上，似乎已噴灑了一段時間的檸檬芳香劑。

建築物的一樓，是被稱為「piloti」、將房屋底層架高挖空建造的停車場，為現代典型的都市生活住宅。二樓以上各樓層隔著走廊，左右兩邊都各有六間獨立套房相對。令人驚訝的是，在這棟狹小的建築中，竟然有二十多戶獨立家庭。而在這棟建築周邊的建物，結構也都相差無幾，就位在將偌大的工廠園區團團圍住的所謂 one-room 村的南側邊緣。

按下六個數字，信號音響起，同時玄關門也解鎖了。一開門就聞到與走廊空氣相反的難聞氣味，像是吞下沾了過多芥末的壽司一樣，氣味瞬間直衝鼻腔。進門後我立刻把門關上，同時想起在與委託工作的屋主通話時，他再三叮囑我的話。

「那件事目前還沒有人知道，要是被知道了房客一定全都會搬走，所以千萬不能被住在那棟樓裡的任何住戶發現。」

我本能地走向窗邊。先透透氣吧，接下來再進一步掌握狀況。窗戶一如預期地不容易打開，因為窗框四周牢牢貼著青綠色的膠布，那是為了防堵室內空氣流通才故意貼上的。我拿出小刀，把膠帶的一角挑起來，再用拇指和食指抓住，慢慢地用力撕起。伴隨著撕裂的聲音，膠帶好不容易撕開了。膠帶上橫的豎的密密麻麻的網紗附著在上面，留下清晰的痕跡。打開窗戶，這才終於能正常呼吸。如果將埋怨這個世界毫無慈悲的往生者，棄置在這裡任其長久腐爛的話，那這氣味也同樣毫無慈悲可言。

往生者所準備好的完美密室。為了確保使用炭火可以毫不失手地殺死自己，她進行了徹底的準備：玄關門上下左右的縫隙用青綠色膠布仔細封住、門下方有個可以投遞牛奶或報紙的圓形投放口，也用膠帶橫著貼了好幾層，密密實實地封死了。浴室的排水口和抽風機，還有瓦斯爐上的瓦斯氣孔及水槽的排水口，屋內所有的孔洞都完美徹底地被堵死，就像慎重地把每一顆釦子牢牢扣上。經過一連串密封的過程，然後在浴室地板放了露營用的簡易火爐，再放上幾塊炭，將火點燃。

床墊上有兩個乾涸的圓形血跡，相連在一起像黑色雪人般十分鮮明。長長的皮膚組織就像脫下的褐色長筒絲襪一樣，蜷縮在一起。鏡子前的各種化妝品容器之間，立著兩個沒有照片的空相框。

我把散落在浴室地上的煤灰掃乾淨，突然想到：

「火爐周圍並沒有像打火機之類的點火裝置啊。」

沒有噴槍，甚至連生日蠟燭會附的火柴都沒有，那是用什麼方法點火的呢？與其他燒炭自殺的現場相比，這火爐的周圍算是很乾淨。屍體被發現時，救護隊員和警方的鑑識人員一定都已經先來處理過了，但我從未遇過還會幫忙清理現場的，反而多半都是留下收拾屍體時使用的手套、鞋套、紗布等消耗品在現場。向來只有製造垃圾，從未有減少垃圾之事。委託人說，這個地方連往生者遺屬都沒有來過。

我的疑惑在清理大門左側的家用型垃圾分類回收箱時解開了。為了區分資源回收物及一般垃圾而分成四格的回收箱中，藏了所有消失的物品。生火用的噴槍和瓦斯罐都在金屬類的箱子裡、火爐的包裝紙和快遞紙箱都折成扁平狀放在紙類回收箱內、瓦斯罐的紅色噴嘴則塞在塑膠類回收箱裡。

在自殺之前做好資源回收分類？這可能嗎？雖然以前曾在其他自殺的往

生者家中，發現過已清理好的速燃煤外包裝，但這也太不合常理了。為了結束自己的生命而點燃炭火，在煙霧繚繞中，趁著還未失去意識前把這些東西一一整理好？在那過程中她到底抱著什麼樣的心情？在自己瀕死之際還能如此超然的公共道德家存在嗎？或者到底是多麼強大的道德束縛和法律規範，如此冷酷無情地逼迫面臨死亡的人服從？

當我把裝有遺物的袋子拿到停車場時，遠遠地一個看起來五十多歲、個子不高的男子走過來。他問我是不是清理遺物的業者，然後自我介紹說是這棟大樓清掃公用樓梯的人。

「大概三十歲吧？是位很善良的人，很有禮貌，每次看到我都不停地說謝謝，真的就像是把謝謝掛在嘴邊的人……」

他突然開口，我趕緊拉著他到停車場外。

「每年的春節和中秋，她都會準備襪子或是食用油禮盒。」

「原來是您認識的人啊。我不知道該怎麼安慰您，不過我們現在說的話要是被別人聽到不太好，還是請您小聲一點。」

「是，這我也知道。房東也受到很大的衝擊吧？因為是他自己用鑰匙打開門才發現屋裡的狀況。我有好幾個月沒看到那位小姐，還以為她搬走了，想說她應該不是那種搬走也不說一聲的人啊，心裡還有點遺憾呢……上個禮拜我來打掃時，看到救護人員抬著擔架從那裡走下來，因為蓋住了，所以我壓根沒想到是人，還想說是狗或貓吧？因為看起來很小啊……等到救護人員離開，房東下樓來才跟我說是住在三〇一號的那位小姐。」

男子連手上點燃的菸都忘了，繼續說道。

「總之，請您務必用心整理，總覺得她不是和我完全不相干的人……像她那種人應該過上好日子才對啊……真的不像是陌生人的事……」

負責清掃大樓的他口中的那位女子非常善良，但那樣善良的人也許對自己並不慈悲，最後成為結束自己生命的人。即使委屈和悲痛堆積如山，也無法對別人惡言相向；也許正是她無法將箭射向別人，才讓自己成為了箭反射後的靶心吧。連殺死自己的工具也要先分類好再丟棄的善良、正直心性，為何不能留給自己呢？為什麼不能成為只對自己善良的人呢？或許正是那顆正直的心，反而成為鋒利的針，不斷強迫地刺向她自己吧？

垃圾袋裡裝滿了木炭的包裝紙，以及從醫院拿的數十個藥袋。她從相簿和相框中取出許多照片，相片的角成了尖尖的鋸齒，銳利地刺破袋子。這一切都是她在臨死前親自整理的，她未完的故事、充滿嘆息和絕望的故事，似乎都原封不動地裝在這些袋子裡。

有時，這世上各種不知緣由的故事就像被冷風颳過、葉片全都掉落的枯枝，卻能強烈動搖我的心。那種時候，就連丟棄一個小紙袋都覺得格外沉重。

那樣善良、正直的心性，為何不能留給自己呢？
為什麼不能成為只對自己善良的人呢？
或許正是那顆正直的心，
反而成為鋒利的針，不斷強迫地刺向她自己吧？

去開滿漂亮花朵的地方吧，姐姐

那是在春天一聲不響地就沒了蹤跡，匆忙召喚夏日悶熱的六月。從早晨起濕氣就開始瀰漫，過了中午還是沒出現期待中的陽光，反而開始滴滴答答地下起陣雨。午後瞌睡蟲的甜蜜誘惑襲來之際，一個儲存在手機裡的電話號碼打來了。對方去年在某報看到我的採訪報導後，曾與我聯絡過，當時在電話中說「其實是婆家那邊的事……」，只問我能不能把垃圾很多的房子整理一下。因為看到報導後直接聯繫的例子並不多，所以我當時特別筆記下來，並將電話號碼儲存在手機中。不過，那次通話後我們就沒再聯絡，對方過了半年多這才又打電話來，看來非比尋常。

「是，我記得您。事情還沒解決嗎？」

「這段時間發生了許多事。是房客造成的問題讓我婆婆很傷腦筋，不知道您方不方便直接來看看現場的狀況呢？現在房子空著沒有人住，門也沒有上鎖。」

由紅磚砌成的三、四層高，外觀相似的低樓層公寓，密密麻麻地立在小山坡上，這就是所謂的住宅過密地區，連停車的地方都很難找。因為全是斜坡路，好不容易停好車又怕會滑下去，還要在車輪下放一個大石塊才能安心。房屋密集的程度就像只要打開窗戶，伸長胳膊，就能碰到隔壁棟一樣；巷弄之間也彷彿是複製貼上的一般，照著手機上的地圖 app，要找到那間位於地下室的屋子不是件容易的事。電線桿下面，散落著因流浪貓襲擊而肚破腸流的廚餘垃圾袋，肥大的蒼蠅不顧細細的雨勢，像守護領土一樣在上面盤旋著嗡嗡作響。

轉動把手，但門打不開。試著又拉又推，還是不行，不知是不是故障了，我急忙拿了根小鐵棍用力撬開門縫，終於略略打開。從門縫中往裡頭看，大量的垃圾和快遞箱子都堆到天花板了，難怪無法打開門。但房客是怎麼開門出來的呢？難道是什麼行李都沒帶，只有人從門縫溜走了？

罩上防護服，一手拿著手電筒，先將一隻腳從門縫伸進去，做好心理準備。我想著如果可以向勇猛攻進地牢抓龍的鬥士借道具，是否可以比較鎮定一點？黑暗中，我用左手揮去蜘蛛網，將手電筒的光照向四處。我進入的好像不是某人的家，而是一個大型垃圾桶。沉睡許久的垃圾們，在我一踏進去就揚起陳年的塵土，表達歡迎之意。因為灰塵的密度大，所以乾脆就叫沙塵吧。今天沙塵暴的發源地不是戈壁沙漠，而是大韓民國這黑漆漆的半地下住宅。

雖然打開了電燈開關，但不知是否裝了電源阻斷器，屋子裡還是沒有任何照明。兩個房間和客廳都堆滿了垃圾和亂七八糟的家具。這是人住的地方嗎？根本連躺下睡覺的空間都沒有啊！仔細觀察周圍，發現在房間內的垃圾堆上，好像有什麼東西反射了我手電筒的光。走近仔細一看，是野餐用的鋁膜防潮墊。看中間凹陷的模樣，或許是躺在這裡睡吧。這裡根本不是人居住的空間，即使老鼠能在這裡安居，也不確定能否樂觀判斷牠可以安然活到齧齒類動物的平均壽命。

該找找電源阻斷器在哪才行，在這種情況下，要是連電都沒有就什麼事都不能做了。一打開鞋櫃門，三、四隻蟑螂像偷偷聚賭玩牌時被發現的賭徒一樣，爭先恐後地溜走，電容保險箱則像沒來得及帶走、被慌亂丟下的賭注般，乖乖地待在裡面。用手電筒一照，發現開關全都往上。不是內部電源阻斷器的問題，這意味著是外部電力的源頭根本就中斷了。心情更加黯淡了，這裡真的曾經住過人嗎？

打電話給韓國電力公司，表示如果有欠繳的電費會立刻轉帳，請他們盡速恢復供電。諮詢員以和藹流暢的公式化回應，在查詢繳費號碼後，突然以低沉的聲音說道：

「抱歉，讓您久等了。該住宅積欠許久的電費，經過我們好幾次通知都未繳納才斷電的。因為斷電已經有一段相當長的時間，按照規定，我們已拆除在建物安裝的住宅電錶，所以要麻煩您先就近到附近的營業所申請，另外安排時間重新安裝，之後才會有電可以使用。」

掛上電話，我在黑暗中拍攝幾張對焦不清、形態模糊的照片先傳給委託人。她隨即打電話來，反問我照片中的物件原形是什麼，因為她實在無法辨識。想像之外的事，像小說或電影，仍是具有特定意圖製造的虛構世界；但在現實世界裡，即便不具任何意圖，也會非常具體、嚴肅地呈現。我花了點時間說明黑暗中屋內的狀態和電錶被拆除的始末，委託人在電話另一端一聲不吭地聽著。沉默有時會減輕對方感受到的情感重量，有時則是毫無保留、原封不動地傳達出來。她沒有說出像從事我這種工作的人常聽到的「麻煩您了」，而是說「請您幫忙」，然後掛上電話。

由於無法等到電錶重新安裝好再動工，所以我準備了裝電池的照明燈，第二天一大早又去了一趟。可能是在一樓卸裝備的聲音太大聲了，地下室對面的門突然打開，一位年過七旬的老奶奶對我大吼。

「哎喲，我真的要被煩死了。這到底是怎麼回事啊？為了對門那個女人我真是差點被氣死。哎喲，臭死了，臭死了。」

她自顧自地罵完，什麼也不管就「碰」的一聲把門關上。被尖銳的聲音打開的心靈縫隙，瞬間又被寂靜填平。我一時有點反應不過來，感覺好像什麼都還沒開始就突然結束了一樣。就在這時，她又突然「咯噔」一聲打開了門。

「把前面那些東西都清掉吧，昨天明明就收走了，那些又是什麼時候放的？真是有夠倒楣……」

她揚起下巴指了指在樓梯角落，放著用類似掛曆反蓋住的紙箱，昨天我來看現場時並未看到那裡放了箱子。「碰！」門又關上了。箱子上放了一朵枯萎的花和已經融化了的香薰蠟燭。是誰路過時走下樓梯把垃圾丟在這裡嗎？不過把花丟在這有點奇怪，但我也別無選擇，只能默默收拾。

中午過後才恢復供電。不管是黑夜或黎明，亦或是在明亮的燈光下清理，垃圾就只是垃圾，清理的過程一點都不享受。從一大早開始工作，直到太陽漸漸變小，最後落在山脊上時，才勉強將垃圾全部裝上卡車。具體的垃圾雖然消失了，但無形的氣味依然留在我們的衣服、鞋子和頭髮上。

隔天我提早到達，對門的老奶奶沒再出現。也許是昨天看我們從早到晚爬上爬下，不斷來回搬運裝著垃圾的麻袋感到驚愕，連罵人的氣勢都消失了吧。但奇怪的是，昨天明明已經清理乾淨的樓梯角落，又被擺放了鮮花和薰香蠟燭，那種即視感就像東西原本就在那個位置一樣。這回放的是包裹在透明包裝紙裡的黃色菊花。一拿起花束，插在花枝上的便條紙就掉在地上，我撿起

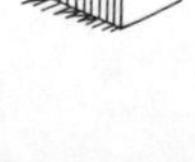

便條紙一看，又像昨天一樣愣住了。

妍伊姐姐，對不起，真的很對不起。
對不起，希望妳能去一個開滿漂亮花朵的地方。

不是在這裡租屋的房客丟下滿屋子垃圾再半夜逃走嗎？屋子裡到底發生過什麼事？雨過天晴，我仰望天空，感覺比雲彩更高的地方似乎飄來了積雨雲。

午飯後過了好一會，委託人帶著婆婆來確認房子是否已經收拾好。當我將花束拿給她看時，她一句話也沒說，只是環顧了屋內一圈，在離開時才說出意料之外的故事。

因為嚴重的憂鬱症，那名房客長久以來蟄居在屋內沒有出門。不知從什麼時候開始，突然就沒再繳過房租。身為房東的婆婆雖然勸說過，但她不搬家，打電話給她不接，直接找上門也不開門，甚至讓人懷疑屋裡是否真的有住人。

不知是不是無處可去，最後選擇在屋內自殺，在死前留下訊息給男友。男友接到之後立刻趕來，在垃圾堆上發現已斷了氣的她。

為了因自我了斷而連靈堂都沒有的她，幾個朋友每天晚上都會來這個她生前最後停留的地方，點薰香蠟燭表達弔唁之意。昨天被我收拾掉的紙箱，可以說是他們在樓梯旁臨時搭建的焚香台。

原本擺在門外的花束，現在被移到已經空蕩蕩的屋內，就擺在這半地下室的窗台上。每到下午，太陽會在這個窗台停下腳步。在這個位置正好可以安靜地看到外頭巷弄間穿梭的腳步，就和為了尋找食物匆忙過馬路的流浪貓一樣，都是不停運轉的世界裡的一小部分。

請妳不要待在黑暗的樓梯角落，即使只能停留到明天我打掃完為止，也一定要到這太陽和月亮照耀的窗台邊，看看朋友們為妳獻上的美麗鮮花、聞聞花香。然後，希望妳務必去開滿了漂亮花朵的地方，永遠地……

窮人之死

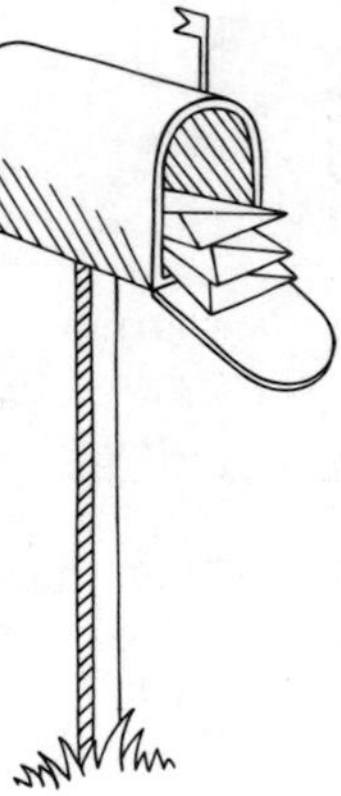

孤獨死的往生者似乎都以窮人為主，雖然有時也會聽聞獨自生活的有錢人自殺，但將自殺納入孤獨死範疇這個問題，在世界人類學家之間依然眾說紛紜，這裡就暫且不提。然而，我從沒見過住高級別墅或豪華住宅中留下名貴家具，被金銀珠寶團團包圍，隔了很久之後才被發現的孤獨死往生者。

受委託抵達的地方，處處都有貧困和孤獨的影子，像變黑的葉子簌簌地散落在各處。是不是因為貧苦和艱困長期映入我的視線裡，所以無論我看到什麼，都覺得是貧苦的象徵？看到往生者的信箱上插著往下彎的通知書和催款單，都覺得像是太貧苦而彎腰駝背，就連隔壁鄰居家的通知書也一樣。根深蒂固的想法似乎很容易讓我產生那樣的聯想。

在我的人生中，富饒和繁榮就像坐在公車裡無法觸及的窗外風景一樣，總是在遠方遙不可及。像山脊上巨大雲彩身後太陽金色的光暈，總是在遠方朦朧地俯瞰，卻從未推開雲彩展露真顏。

一個大多數時間都被貧困佔據視線，或在貧困中找尋散發窮酸氣味的物品時，才得以一顯身手的清潔工。雖說擁有卓越的工作本領，但總還是戰戰兢兢，擔心會不會連家人也拖累。視線所及之處，貧困的象徵隨時都伸著懶腰，準備起身。在他眼中的世界貧者益貧是家常便飯；富者愈富，只能聽別人在遠方吟誦，從未經歷過。貧窮與貧窮相伴，彼此成為朋友，帶來另一種貧窮；而財富似乎只會與財富相伴，帶來另一種富足。

越窮苦必然越孤獨嗎？人一旦變得貧困，似乎連家人也會斷絕聯繫。一直等到散發的異味讓隔壁鄰居受不了，向警方報案後發現裡面有屍體，為了調查死因警方才會進一步找到死者家屬。孤獨死未被立即發現的事件持續增加，而很早就開始關注此議題的日本，實際上行政機關並不使用「孤獨」這個帶有情感判斷的詞彙，而是以「孤立死」取代「孤獨死」做為正式用語，更關注往生者所處的「孤立」狀態。但是用孤立死來代替孤獨死，並不代表往生者的孤獨就能少一點。嚴格來說，這麼做並非從往生者的角度著想，只是看著往生者的這一方，試圖減輕心中的負擔和沉重感罷了。

在我這份工作的經驗裡，家屬拒絕善後的例子並不少見。當接到早已沒有往來的家人或從未聯絡過的遠房親戚突然離去的噩耗，很少有人會爽快地站出來說：「好，我來負責處理葬禮並負擔清理遺物的所有費用」，而是一邊擔心不知道有沒有欠債，一邊以光速寫下放棄繼承的切結書。

如果窮人也有什麼稱得上「多」的東西，那應該是郵件吧。滯納金通知書和催繳書、警告要切斷天然氣和水電的欠費通知書，信箱裡密密麻麻地塞著「停止供應」的最後通牒。貼了各種紅色標籤、黃色標籤的郵件，最上面剛送來的則貼著「請於限期內繳納」的白色標籤。債權人從冷淡仍文雅的一般銀行，變成信用卡公司與融資公司毫無血色的面孔，然後在不知不覺間又變成高利貸的猙獰表情。以低價購買不良債權的另一種債權人，則是勤勞地發出催款書、打電話，甚至不嫌麻煩地親自到家門前按電鈴。他們在合法的柵欄內外以黑白腳來回穿梭，巧妙地向債務人施壓。仔細想想，親如家人會斷絕聯繫，但債權人仍會晨昏定省地問候。會擔心債務人是否健康的人，不是有血緣關係的親人，應該說是債權人比較貼切吧？

曾有位歌手出身的藝人，勇敢坦白欠了數十億元的債務，並宣稱會努力還債，每天辛勤地工作，而被感動的債權人甚至送他健康食品為他加油。聽到這故事之後，我的心情十分複雜。不知道該哭還是該笑時，乾脆選擇笑會比較好吧？等著別人還錢的人，比誰都希望欠債者健康長壽，直到把債務全部收回的那一天。

這天，我來到一名年輕人上吊自殺的清潭洞某別墅，這裡正是新建在山坡上的典型高級住宅區。在前門先卸下清潔和消毒設備，再把車開到後面的停車場，卻看到旁邊有不少出現裂縫的紅磚牆和用水泥修補的舊牆面。雖然經過改造工程，重新修整了建物的正面，室內也煥然一新，但不知為什麼後面卻沒整修。宛如戴著年輕人面具、穿著晚禮服的老人，努力把彎曲的腰挺直，費力地邁出步伐在萬聖節遊行隊伍中前進，但背後卻仍舊淒涼。

他住的二〇二號大門上，貼有以黑體字寫著「限制供電通知」的黃色標籤，上頭直接用簽字筆手寫的最後期限引人注目。

看來是專門處理嚴重欠繳問題的專責人員，直接到家門前貼通知單並寫上期限。我一看日期，腦子裡突然想到，建築物業管理公司曾告訴過我屍體處理的日期，我算了一下，這麼說來停止供電的預定日期與自殺的日子重疊。模糊的東西變得清明，我的心迅速落入像運動場一樣巨大的陰影中。這無情的城市，斷電後生命也要跟著結束嗎？經過不斷催繳，最後終於斷電了，他在比人還高的冰箱前上吊自殺。在全市停放了最多非國產汽車的區域，以房價租金昂貴而聞名的高級住宅區，也毫無例外存在著經濟上的匱乏。貧窮沒有差別，也沒有界線，就像死亡會降臨在所有生命體上一樣……

該不該把這種死亡當作純粹的自殺呢？雖然確實是自己結束生命，但城市執行斷電行為，最後以死亡解決，這難道不是一種無言的教唆殺人嗎？為了回收拖欠已久的滯納金而採取斷電手段，要維持國家運作與繁榮發展真的只能容忍這樣的系統嗎？

窮困的人似乎大多是獨自離開人世，越貧窮似乎就會越孤獨。貧窮和孤獨就像形影不離的老朋友，總是肩並肩在這世界遊走。如果能有賢者點醒世人，這種想法不過是被貧窮蒙蔽了眼睛所造成的就好了。

足以將人逼入絕境，甚至以生死做為賭注的那些嚴重問題。來到往生者最後一刻停留的地方，灰暗潮濕的斑點染紅貧窮與孤獨，在越過死亡之門的瞬間，就不再具有任何意義。若不管多重要的事都能一笑置之、平心以待的話，那該有多好啊。

在清理窮困者陳舊的生活用品時，瞬間想到那些死後才放鬆，卸下擔憂而變得溫和的臉龐，就如同喜劇電影裡的一個場景。心想「哼，我的貧窮，也只不過是短暫停留就消失的雲罷了」，心情會不知不覺變得舒坦，腳步也會趨於輕盈。我相信哪天會不經意颳來一陣風，將烏雲吹散，那麼太陽就會「咻」一地露出臉來。

別因為窮困艱苦而讓自己太沉重。有智慧的賢者，會明白沉重是一種損失。不管是錢包扁了，還是肚子飽了，只要此刻正在笑，這一瞬間就是幸福，就像人都會死，是絕對不會改變的事實。

窮困的人似乎大多是獨自離開人世，
越貧窮似乎就會越孤獨。
貧窮和孤獨就像形影不離的老朋友，
總是肩並肩在這世界遊走。

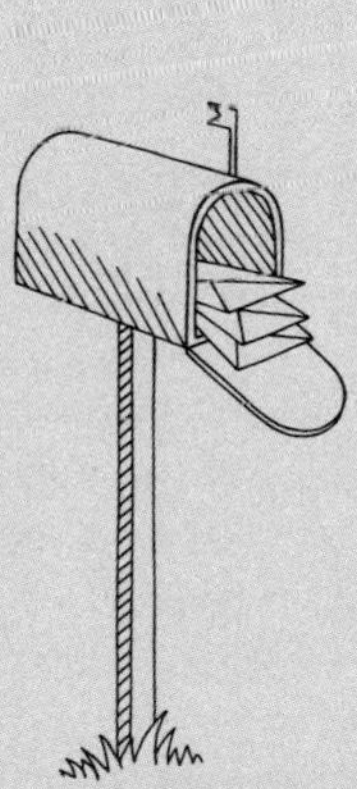

黃金，總有一天也會像石頭

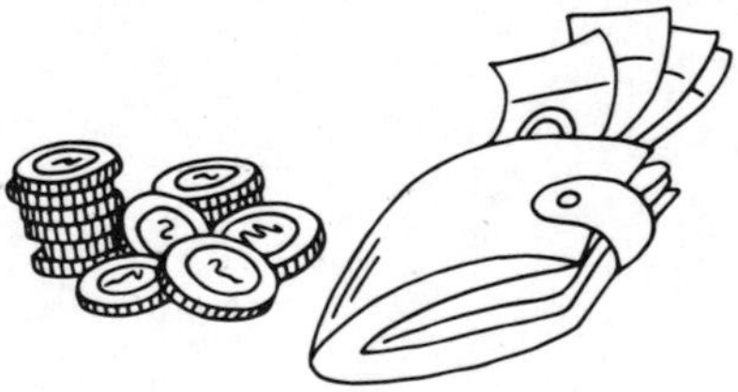

《聖經》上說：「對這座山說『你從這邊挪到那邊』，它也必挪去」。[1]有人確實相信真有移山這種奇蹟，所以找了我去。是一群收集垃圾、不扔垃圾、堆積垃圾，最後在屋裡造了一座垃圾山的人。現在搬家在即，實在沒有辦法，只好找上我這樣的清潔工。我隨傳隨到，不管哪裡都去。我會以特製的垃圾鏟，像挖土機的怪手挖斗一樣，靈活移動，將堆成山的垃圾剷平，放到袋子裡，再運到別處。

說得簡單，但除非發生奇蹟，否則清理垃圾的過程是非常勞累又痛苦的。就算不是攀登聖母峰的喬治・馬洛里（George Mallory），[2]任何人站在山

1 出自馬太福音（17:20）「耶穌說：是因你們的信心小。我實在告訴你們，你們若有信心，像一粒芥菜種子，就是對這座山說：『你從這邊挪到那邊。』它也必挪去；並且你們沒有一件不能做的事了。」

2 英國探險家，在一九二四年第三度挑戰攀登聖母峰時喪生。他在被問及為何想要攀登聖母峰時回答：「因為它就在那裡。」（Because it is there.）成為至今經常被引用的名言。

下都會本能地領悟到人類是多麼地寒酸無力。我真能征服這座山嗎？每次都會冒出一團團的迷霧，需要先冷靜下來才行。搬垃圾山只有一粒芥菜種子那麼大的自信是遠遠不夠的，還是先和同事一起背誦咒語吧。

「泰山雖高，也不過是天下之墓！」3

那真是間不可思議的房子，垃圾堆積的程度到了極致，硬幣和紙鈔到處亂扔，隨處可見。長期以來被委託清理房屋，像那樣的房子其實不算罕見。那些錢混雜在食物中，散落在地板上、桌子上、水槽裡，不管洗手間或哪裡，到處都有錢凌亂地散落著，甚至還曾從盛有糖醋肉醬料的器皿或馬桶裡掏出硬幣過。如果地震發生將那種地方掩埋，萬年後可能會挖掘出被黏稠的澱粉或起司包覆，保存完整的貨幣化石。

錢與垃圾，有價值的東西和無價值之物的界線被打破，資本主義的特徵在這種狀況下黯然失色。也許屋主是透過收集垃圾，親身體驗「視金如土石」的清貧思想的君子吧。

以《樂學軌範》集大成的朝鮮代表音樂家兼相聲家成俔，在其隨筆集《慵齋叢話》中，記載了崔瑩將軍「紅色墳墓」的奇異傳說。崔瑩的父親崔元直為高麗時期的文臣，曾擔任司憲府幹事，他一生的信念便是「見金如土」[4]，而崔瑩也終生奉守父親的遺訓，成為韓國最具代表性的清貧象徵。崔瑩將軍晚年曾誇下豪語：「如我有貪慾之心，則墓上生草；反之則草不生矣。」結果據說崔瑩死後，墳墓上一株草也沒有長出來，只有一片紅土。雖然不知道當時是

3 由朝鮮時期著名書法家楊士彥的時調「泰山雖高，也不過是天下之山」改寫。

4 把黃金當土石的意思。

否真的寸草不生，但現在將軍之墓已成為京畿道第二十三號具保存價值的紀念物，受到地方自治團體妥善管理，草坪長得相當密實。

在家裡收集垃圾堆積，同時又把錢看作像垃圾一樣，可以說是繼承了始於高麗時期的崔元直遺訓，並親身實踐的民族繼承者。我只不過是一介清潔工，竟然能打掃這種君子的家。然而，我可不能視黃金如土石，就算是十元硬幣也必須一枚不漏，原封不動地還給主人，這樣才不辜負委託人的期待。

在工作過程中，要將垃圾和硬幣、紙鈔分別收集並不是件容易的事。許多硬幣附著在地板上，每次都要脫下橡皮手套才撿得起來，而且還得一直彎腰，次數多了一起身就腰痛。稍不留神，還會把披薩碎屑和硬幣一起掃進畚箕裡，必須像泡在水裡淘沙一樣，用篩子過濾垃圾碎屑，挑出剩下的硬幣，著實要花費不少時間。

工作才開始沒有多久，不斷重覆的作業過程就令人厭倦，火氣都冒上來了，忍不住想反問：

「真是的，到底為什麼管理錢會這樣隨便啊？就算是小數目，但像這樣把硬幣和紙鈔隨便亂扔，跟垃圾堆在一起對嗎？」

不過一次又一次，清運垃圾山的苦澀奇蹟一年兩年反覆出現，不知不覺，思緒的尖角被磨平，感情也變成熟了。或許，對於能把垃圾山當作安樂窩，讓自己高貴的身體躺下也不覺得有任何困難的人來說，那些和垃圾一起滾來滾去的錢算什麼？錢有什麼了不起的？不知何時，我也似乎習慣和垃圾成為一夥，與污物一起翻滾。真是哭笑不得，難道這就是所謂的天職嗎？怎麼從未登頂過的我，卻好像已經可以學人家登山老手那樣超然了。

面對莊嚴的亞歷山大大帝，膽敢要求他站遠一點、不要遮住陽光的犬儒學派[5]哲學家第歐根尼，若是今天在此重生，成為這垃圾屋的委託人的話，問他如何看待那些錢的價值，他應該不會放過大力宣傳「如狗一般生活」（kynikos bios）的真理吧。

雖然不能說從垃圾堆中挑出錢的過程很愉快，但勉強還可以忍受。或許情況依然像狗一樣卑微，但是能像狗一般過得簡單自在，才是真正的幸福——以此當作對生活的轉念仍是挺有效果的。與其說是在辯駁，不如說身體正悄悄地在適應中。

黃金啊，
總有一天會像沉默的石頭一樣。
垃圾啊，

哪天也會像閃耀著光芒的純金。

對能在貴賤的二分法中找到自由的人來說，
每個瞬間都是幸福。

5 古代希臘哲學思潮之一，「犬儒」的意思是像狗一樣，在權力和世俗中無限追求自由的生活。

尿液嘉年華

情況是有點特別，但我認為應該沒什麼大問題。委託人請我們去清理三十個、最多應該五十個左右的塑膠瓶，只是裡面都裝了尿液。雖然是奇怪的委託，但是評估了一下把瓶子全部清空，再將室內消毒殺菌一番，差不多一個小時就可以完成。等工作結束，整個下午就可以清閒了。想到這兒，開車前往那棟商務大樓的路程變得非常愉快。與通常需要兩三天才能完成的工作相比，這個任務簡單多了，沒有某人的死亡介入，也無須另外處理令人頭痛的生活痕跡。心情輕鬆得像發現飄在空中的羽毛，呼呼地輕吹，看它能飄多久不落地。

「到了嗎？那我現在過去，還有屋主們待會馬上到。我也要確認一下裡面的狀況。」

不是什麼有難度的工作，怎麼出場的演出者那麼多啊？打電話來諮詢並委託工作的年輕女性是房地產公司的室長。室長通常會負責陪同客人去參觀他們想要的住處或辦公室，她明亮而高亢的音調在手機另一端留下了清晰的餘韻。我們抵達目的地，在門前放下大大小小的工具箱、殺菌設備等，靜靜地等待演出者們登場。

緊閉的鐵門，一如平常沒有任何暗示和動靜，委託人並未先給我鑰匙或密碼，所以大門不會接受我提出的其他說服方式讓我進去。在門前待久了，有時候就像站在巨大的全身鏡前——既不反射也不隱藏任何東西的陰鬱鏡子。但隨著時間流逝，這孤獨的門就會悄悄地顯露出我所面臨的心理狀態。像佛家閉關修行面壁思過嗎？孤獨有時會讓人的內在覺醒。現在讓我埋頭專注的是什麼？現在心裡是什麼顏色？就在看不見的東西似乎隱約可見之際，高跟鞋整齊地敲擊地板的聲音從前面轉角傳來，接著一位個子高䠷、華麗的女子登場，正是擁有能說服大門打開的鑰匙的房地產公司室長。她帶頭開門，但眼前出現意料之外的垃圾山和一排排塑膠瓶，被那氣勢震懾的我們一時都說不出話來。什麼閉門讓內在覺醒，現在雖然打開了門，但我們真想對眼前這鮮明的景象視而不見。

「室長，裝了尿液的塑膠瓶不只五十個，大概有三千個……不對，我看要說超過五千個也不為過吧？」

「是啊。我也是接到屋主的電話，只聽了個大概。但這真是太難以置信，實在是太荒唐了……」

當我們還在環視屋內的狀況並發出驚嘆之時，一對看似房東的中年男女陪著年邁的父母一起出現。現在所有演出者都出現在舞臺上了。或許他們早已知道屋內的情況，所以硬是不肯踏進門。年邁的父母是這屋子實際的擁有者，而子女是代理人。

寬敞的樓中樓套房裡，堆滿了裝有尿液的塑膠瓶。洗手間和簡易廚房前面被尿液瓶佔據，連站的地方都沒有；樓中樓夾層就更別提了，連一階階的樓梯也都排滿瓶子。不只有塑膠瓶，還有像披薩或豬腳之類吃剩的廚餘，垃圾在室內到處都堆得像小山，丟棄的碳酸飲料罐大概也超過上千個。

站在門口的房東一家人，小心翼翼地問這些東西能不能全部清理乾淨。起初為了找能處理這種狀況的人，他們千方百計地四處打聽，但一直都沒能找到，最後只好請房地產公司室長幫忙，這才找到我們公司。在委託電話中的說明避重就輕是有原因的，「不管是誰只要能來就好，等見了面看到實際狀況再拜託他們幫忙。」

原本依法就算是房客扔掉的垃圾，房東也不得在未取得同意的情況下隨便處理。因為房客不肯清理房子，所以之前還打過官司，最後法院判房東勝訴，終於可以清理房子了。如果不想丟棄，那麼垃圾對某人來說也是寶貴的財產。剛才在來這裡的路上輕飄的羽毛，已經不知飛到哪裡去了，想到這麼多尿瓶要花多久時間才能清空，沉重的擔憂就湧上心頭。

裝有尿液的塑膠瓶，大多呈現像啤酒一樣的亮褐色，有三、四瓶看起來像炸雞專賣店送來的生啤酒。有些尿液的顏色很深接近黑色，也有像檸檬汁般明亮的顏色，還有像商店裡賣的礦泉水一樣透明的尿液。如果將這些瓶子裡的尿全都倒出來，說不定可以裝滿溫泉湯屋裡的大眾池。

先試著打開幾個塑膠瓶的蓋子，將內容物倒入馬桶。處理積尿的核心問題不是作嘔的味道，而是會引發頭痛的毒氣。我們趕緊摘下防塵口罩，換上防毒面罩。彷彿遇見人生最大的幸運，徹夜舉辦慶祝派對一樣，打開十個瓶子，就會有其中一、兩個蓋子像開香檳般「砰」的一聲朝天花板彈起。就像為不同年分、不同熟成度的尿液舉行慶典，我們沒完沒了地打開蓋子將尿倒出，腰痠、手腕開始發抖，也無可避免地尿液水珠會飛濺到腿上。防毒面罩呼吸閥內側的口鼻狂冒汗，工作期間一直感覺鹹鹹濕濕的。這真是一場殘酷的慶典。

可以進得來，難道就不能送出去嗎？看著留下的外送食物殘渣和執著積攢的尿液，我的疑問接二連三冒出來。是一種只要從我身上出來的東西就都不能離開世界的信念嗎？哪怕是尿？那麼糞便到哪裡去了？馬桶裡雖然有水，

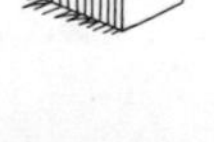

但好像已經好幾年沒用了。洗臉台堵塞時間過長，就像長滿雜草後乾枯的黃色水坑。生活在這裡的人顯然就像隱世獨居一樣，足不出戶卻也沒再停留。雖然人曾經進出過，但是自己身上的東西並未送到門外。

我很希望可以再多理解那位曾住在這裡的房客，不想盲目將之歸類在「儲存強迫症」的黑洞裡，貼上「非正常人」的標籤，視為不可理解的人。哪怕僅是一縷光，如果能映入眼簾，我也想透過那光源看看他的真面目，好好面對他。但事與願違，在把剩下的尿液都倒空，連最後一點披薩碎屑也清掉後，還是沒有出現任何線索。好像在巨大的鐵門後面又立了一道擋土牆，把他完全封住。剛到門前時看見的那面陰鬱鏡子，又再次橫亙在我面前，茫然之際想睜開眼看看他，結果看到的還是我自己。

一個無法理解的人製造不可理解的垃圾，而來清理這些的我又是誰？
我在這裡的真正理由是什麼？我要發掘什麼？
我為什麼非要理解他不可？

非得用判斷的鎖鏈把他勒緊不可嗎？

我看似在替他清理垃圾，但其實是在清除我生活中堆積如山看不見的垃圾。我一天一天不間斷的人生，難道就是為了清理垃圾嗎？

問題接二連三襲來，卻無從解答，也沒有人能為我解答。或許所謂閉關修行時的提問就像這樣。問題不斷邀請其他問題加入，古老的提問與新的提問相遇，互相問候乾杯暢飲，就像一場喧鬧的慶典般。

當初預計一個小時可以完成的工作，最後整整花了兩天時間。第一天率先打開門，結果瞠目結舌的房地產公司室長，在接到「工作完成」的通知後再次前來確認，果然又是瞠目結舌。

「那些垃圾都到哪裡去了？消失得無影無蹤，好像這一切只是一場夢似的。」

她爽朗的聲音好像剛從一段長夢中甦醒，在空曠的屋內迴響。這瞬間毫不猶豫脫口而出的純粹感嘆，也讓我覺得相當滿足。

也許就像她說的一樣，這一切只是場夢。不是一個人的夢，而是大家一起做的夢。在夢中，那人是無止境地收集垃圾與尿液的角色；我是不管什麼垃圾都會不辭勞苦清理的角色；室長是在一旁觀察整體狀況，表現出震驚、感嘆並向屋主傳達結果的角色。

仔細一想，還真是個髒兮兮、難聞的夢。一想到夢已醒，心裡就輕鬆不少，感覺消失的好像比原來在這屋裡的東西還多。

我很希望可以再多理解那位
曾住在這裡的房客，
不想盲目將之歸類在
「儲存強迫症」的黑洞裡，
貼上「非正常人」的標籤。

抱起貓咪

光是今天就接了三通電話表示有貓咪死掉，要求前往處理，我彷彿變成了揮舞著巨大鐮刀去取貓命的陰間使者。身為貓奴，我將貓咪視為家人，生活在一起超過十年。如果貓會脫下襪子，我希望自己能成為偷偷在裡頭放鮪魚罐頭的聖誕老人。然而現實不知怎麼的，一旦有貓咪死了，我似乎就成了不請自來的死神（grim-reaper）[6]。

今天之所以有這麼多電話打進來，大概是因為前天下了雨。雨季期間，被雨淋濕的貓會找角落躲起來，但通常會繼續飽受寒冷濕氣的侵襲，運氣不好的就會失溫死亡，最終那腐爛的氣味讓人類難受。因為沒有專職「處理貓咪屍體」的行業，所以找著找著，就找上像我這種髒臭不拘的工作者。氣味是一個問題，但最難受的是在貓咪屍體周圍，蒼蠅翻飛，蛆蟲擠在一起蠕動，如果沒有一顆強心臟，是很難忍受的。

6 有「莊嚴的收成者」之意，形容身穿黑長袍、手持鐮刀的骷髏。《聖經》中將信徒喻為麥子，待時候到了就會被收割（上天堂），因此鐮刀為死神的象徵。

健健康康活著時，貓咪是美麗而優雅的。貓與必須接受一定訓練的狗不同，牠們天生就會在大小便後自己埋砂，會自己舔毛清潔打扮。與在偏僻鄉村或北漢山國立公園入口周圍偶然出沒的流浪狗，總是髒兮兮、好像被追趕的憔悴樣子相比，流浪貓始終一貫地端莊文雅。如果與人類的距離夠遠，牠們就會從容自若，一臉安適地閉起眼睛曬太陽。

人類被優雅吸引，長久以來都愛貓。傳說古代埃古普托斯（Aegyptus）[7]的布巴斯提斯（Bubastis）城裡，人們所飼養的貓若是壽終正寢，主人會穿上喪服、削去眉毛以示哀悼。不僅如此，還會僱用防腐專家，在單獨設置的神聖房間裡將貓咪的屍體製成木乃伊並舉行葬禮。在古埃及的壁畫上，常常可以看到在人身上扎著刺刀的阿努比斯（Anubis），他就是負責葬禮的執行和防腐處理，也是掌管木乃伊的神。貓是埃古普托斯的神聖象徵，受到的待遇並不遜於人類。

隨著寵物熱潮興起，一代代傳承下來，原本不被注意的小貓受到了人們的喜愛。以前人們認為貓叫聲讓人聯想到孩子的哭聲而覺得倒楣，甚至視貓為不吉利的象徵，但現在就連路邊、山間的流浪貓也都有「愛媽」會固定餵食，並照顧牠們。被貓的可愛吸引，養貓為寵物，還自稱是「貓奴」的人越來越多。

被愛的貓多，被拋棄的貓也多。即使生活安逸，有的家貓也會自己突然跑出家門，選擇在野外生活，就這樣成為一隻流浪貓，不分晝夜穿梭在城市的各個角落，隨時進行繁殖行為。兩個月就能產出四、五隻小貓，再以等比級數增長，逐漸成為城市的另一個問題。而流浪貓在城市各個角落也會面臨死亡威脅，不管是小巷子的牆縫間、天花板上、地下室、公寓大樓的鍋爐房、KTV的天花板夾層與倉庫屋簷層板間、在剛熄火還留有餘溫的汽車引擎

7 埃及的古名。關於布巴斯提斯城貓葬禮的內容，曾出現在希羅多德斯（Herodotus）的《歷史》一書中，該城人民對所有動物均給予禮遇。若是養的狗死了，主人會剪去全身毛髮；打死朱鷺或鷹的人必須處以死刑；飼養員按動物的種類各自分配，採世襲制。

內……大雨和強風、酷熱的暑氣與嚴冬的冷冽，若有可以躲避的地方，不管如何窄小或危險，都會成為流浪貓的安身之處，但同時也可能是牠們的安息之地。

如果問我清掃往生者的家和收拾死掉的貓咪哪一個比較困難？我會毫不猶豫地回答是後者。將倒在地上死去的貓咪抱起，這是不管反覆再多次都無法習慣的事。氣味是一回事，每當抱起貓咪時感受到的重量，輕有輕的可憐，重也有重的不幸。看到在遠處默默望著我收拾死去孩子的貓媽媽讓我心痛；驅趕徘徊在媽媽屍體旁不肯離去的小貓也讓我揪心。有個可以與動物直接溝通的寵物溝通師說過，貓咪能感受到與人類相似的喜怒哀樂。我不知道那是不是真的，但平時不經意看到路上經過的流浪貓，總是會覺得心疼。

希望你一定要好好的。我可以為你做的，只有保持距離、不打擾你並在心裡支持你。如果有一天，你以死去的狀態和我相遇，我會想著你以前優雅的模樣，並以慎重的心情送你走。在你活著的時候，請一定要過得幸福。

如果貓會脫下襪子，
我希望自己能成為偷偷在裡頭
放鮪魚罐頭的聖誕老人。
然而現實不知怎麼的，
一旦有貓咪死了，
我似乎就成了不請自來的死神。

地獄與天堂之門

「是，當然，那樣的工作我們也會接。」

聽不出來是孩子還是大人，一位帶著稚嫩娃娃音的女性打電話來，詢問是否可以協助清理在家中死去的動物。「貓咪們」，這說法很明顯地表示不只一隻。不能被天真爛漫的聲音迷惑，必須仔細聆聽才行。一般而言，在最初接洽時講出來的話，最能呈現客觀的狀況，所以除了對方的說明，我同時也會留意、感受其情緒，因為很可能從中發現其他具體事實。

「那個不是我們家啦。只是貓咪死去已經有一段時間了，還有很多垃圾……啊！不是所有的貓咪都死了喔！」

「那麼裡面有幾隻貓咪呢？」

「嗯……我也不太清楚，大概七隻吧？」

「是死去的貓咪？還是活著的貓咪？」

「啊，是死去的。」

對方毫不猶豫地用明朗的聲音回答，但我的心卻漸漸往下沉。在極其鮮明的對比下，突然覺得我們之間的對話很不真實。

「那麼活著的貓咪有幾隻？」

「不知道。一隻？還是二隻？也許還剩下三隻吧。」

按照約定，我在三天後來到那棟住商混合的大樓，雖然對方說會把還活著的貓咪先送去寵物旅館，但隱隱還是覺得不放心。在地下室將車停好後，我拿出手機傳訊息給她再次確認。

剩下的孩子都已經跟貓旅館講好了，應該沒什麼問題。

即使只用眼睛看著她回傳的訊息，耳邊似乎也能聽到那稚嫩的娃娃音。

把清掃裝備放上推車，我靜靜地等著電梯。七隻死去貓咪所在的屋子，應該沒有什麼問題的屋子，就在這棟大樓的十五樓。

「進入者，必放棄所有希望。」

Lasciate ogni speranza, voi ch'entrate.[8]

按下玄關門鎖設定裝置，但真正要打開的，難道不是貓的地獄之門嗎？

8 出自但丁的《神曲・地獄篇》第三曲中，刻在地獄之門上的銘文。

走過連著洗手間的狹小走道後，映入眼簾的是寬敞的客廳，在一般家庭中少見的巨大鐵籠非常引人注目。像人一樣高的兩個籠子，如同雙子星大樓般保持著適當距離，彼此相對而立。籠內一小坨、一小坨的，是如果沒有事先聽過說明，會一時難以辨識形態，像融化般只剩下皮毛的貓咪。客廳的地板上，沒能變成蒼蠅成蟲就停止生長的紅色蟲蛹，像正月十五吃的五穀飯裡的紅豆粒一樣，散落一地。每當移動腳步時，腳底就會不時傳來「咔喳」，像什麼東西爆開一樣的聲音。動物死亡後，蒼蠅肯定會集結在一起，把死亡當作養分進行繁殖，孵化無數的生命體。人類的死亡也一樣。在地球生態界中，蛆蟲也許是從死亡中獲取生命，最悖論的存在。

裝有除臭劑的塑膠噴霧器圍繞著兩個籠子，殺蟲劑的鋁製噴霧罐，以及裝飼料的塑膠袋等堆成了垃圾小山。與眼前的慘況相比，氣味並不嚴重，可能是因為之前一直對著死去的貓咪們噴灑各種化學藥劑的關係吧。

與雜亂無章堆積在屋子各處的垃圾相比，床頭就像是神遺留在地獄的唯一聖地，白白淨淨地空著。從床頭那側牆壁上連接的手機充電器和散落在床墊的電線來看，或許最近還有人曾停留過，應該是來對死貓噴灑除臭劑和殺蟲劑，給活貓提供飼料和水的人。

該從哪裡開始好呢？

湯汁滿滿的中國料理、只剩下骨頭的炸雞和披薩碎屑組成的垃圾小山，與籠子比起來，也不算讓人頭疼。還是先收拾貓咪屍體吧。如果不先處理放置了死亡貓咪的兩座地獄塔，是無法動手清理其他區域的。首先戴上防毒面罩，從工具箱裡找出可以切斷鐵網的鉗子和長長的螺栓工具。終於到了目睹地獄真貌的時刻了。

籠子裡每個隔間都黏著不同的貓毛。灰色的毛是被稱為俄羅斯藍貓的品種貓、奶油色的是暹羅貓、亮褐色有白色條紋的是美國短毛貓……平時身為愛貓人，在這種慘淡的狀況下，只看到毛色就能區分品種，真是令人不勝唏噓。

是所謂「虎死留皮，人死留名」嗎？在那句俗諺背後滲透的名譽至上主義和以人為本的世界觀，總是讓人覺得不爽。留名或留皮，在死亡面前到底有什麼意義？動物並不是為了成為人類的玩物或裝飾品而存在，那句諺語必須從這個世界上消失，首先就從我的腦海中開始。

把鐵籠裡的隔間層板拆開，在籠子底部，滿是糞便和因殺蟲劑失去生命的蛆蟲及蒼蠅群。貓的骨頭碎塊和皮毛都混在一起，只有貓的頭骨還保持著原來的形狀。生前清澈帶著神祕的雙眼，現在都被昆蟲佔領了，只有犬齒依然尖銳地露出來，嘴巴無法闔上。犬齒之間露出像芝麻一樣小而密緻的牙齒，就像地獄一樣，讓人明白這一切不是夢，而是嚴肅的現實。

每拾起一隻貓的頭骨時，彷彿就有一隻看不見的手，伸進我的體內緊緊抓住心臟，唯有這樣，才能勉強讓我的心臟不要停止跳動。在經歷了好幾次那陰險的手之後，才把兩個鐵籠子都掏空。總共死了十隻貓咪。剛出生的小暹羅貓因為內臟全被吃光，連腹部都消失了。

工作結束後離開那個地方，我有好一陣子沒有說話。開車回辦公室的路上，經過江邊北路被困在壅塞的車陣中，我卻聽不到任何聲音。晚飯時間坐在飯桌前，也根本不知道放進嘴裡的是什麼，總之嚼著嚼著就吞了下去。在那間屋子裡停留的期間，我感覺自己的意識裡好像有什麼東西被大把大把地掏空。

其實我見過無數次死貓。城市可以成為流浪貓的安身之處，不過一旦生病或找不到食物時，棲所就會變成墳墓。死貓在城市邊緣的各個角落腐爛後產生氣味，讓我不斷被召喚過去。然而由我進行善後的流浪貓，生前即便在危險的環境中，也能享受自由自在的生活。牠們可以不受任何拘束，盡情地漫步街頭，腳踩在屋頂、圍牆等高處，擺出一副不可一世的姿態俯瞰下方：「哼，你們這些人類啊，都在我的腳底下。」適者生存的野生法則雖然難以避免，但至少流浪貓在活著的時候，可以做自己的主人。

但那屋子裡的鐵籠，是徹底幽閉的世界，是那十隻死貓一生經歷過的全部。

難不成那是在住宅區內祕密營運的「動物工廠」嗎？雖然人類進行徹底的管理和控制，但不知為何瞬間就中斷了所有支援。貓咪被監禁在鐵籠內根本出不來，也沒有人放牠們出來。貓咪們首先面臨的是殘酷的飢渴，在那裡面無法活動也不能出去的絕望感，以及被照顧自己的人類背叛的現實接續襲來，看著其他隔間裡的朋友們一個個死去，不知不覺那屋子就成了貓之地獄。

「明天早上打電話去動物保護協會吧。」

腦海裡充斥著各種想法揮之不去，由於內心太過複雜，以致於一直沒能入睡，到過了午夜我才恍恍惚惚地睡著。

在凌晨最冷的時候，我們家的貓像往常一樣爬上床。不知不覺地鑽進我的左腋窩，將我的肩膀當作枕頭入睡，始終如一的位置。對這個傢伙來說，家中體溫最高的我就像是暖爐一樣。每到凌晨，這個老顧客總是會來找我，牠會先在我的懷裡「呼嚕嚕、呼嚕嚕」發出熟悉的聲音，身體扭動一陣子，然後不知不覺呼吸趨於均勻，逐漸沉睡。鼻子和耳朵周圍像染上巧克力色般細緻可愛的暹羅貓，正在我懷裡緊閉雙眼，睡得香甜。

安穩感只是暫時的，突然又想起白天看到的小貓咪悲慘的樣子。眼睛消失不見、嘴無法閉上、還有頭骨……看不見的手又再度出現，再一次緊緊揪住我的心臟。突然間，臉頰感覺到一陣濕熱，我悄悄翻身起床，盡量避免吵醒貓咪。雖然時間尚早，但還是該梳洗了。

詩人與搖滾歌手英年早逝，是因為說出自己想說的話，不再退縮、無所畏懼嗎？今天，為了能讓心情更加堅定，我想我需要聽搖滾樂開始這個早晨。

Cats were put into the world to disprove the dogma that all things were created to serve man.

貓來到這個世界，是為了打破世間萬物皆為服侍人類而存在的定論。

這是已逝的滑結樂團（slipknot）貝斯手保羅·格雷（Paul Gray）說過的話。三十八歲就離世的搖滾歌手所留下的這句話，現在對我來說是再正確不過的。沒有任何一種動物是為了人類而存在，就像人與人之間沒有誰必然高高在上，也沒有誰必須服侍誰一樣。

如果有一天，我曾幫無數流浪貓善後的綿薄之力得到了認可，有幸得以在貓天堂之門上刻字的話，我也想模仿詩人或搖滾歌手這樣寫：

所有存在都是尊貴的。只有那一瞬間，我們才能打開天國之門。

每拾起一隻貓的頭骨時，
彷彿就有一隻看不見的手，
伸進我的體內緊緊抓住心臟，
唯有這樣，
才能勉強讓我的心臟不要停止跳動。

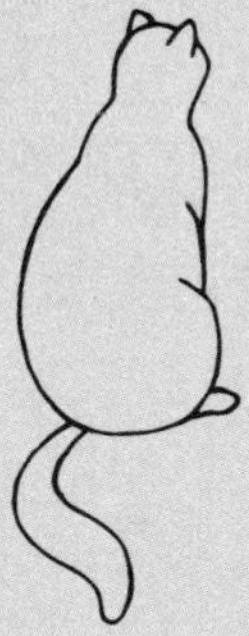

書架

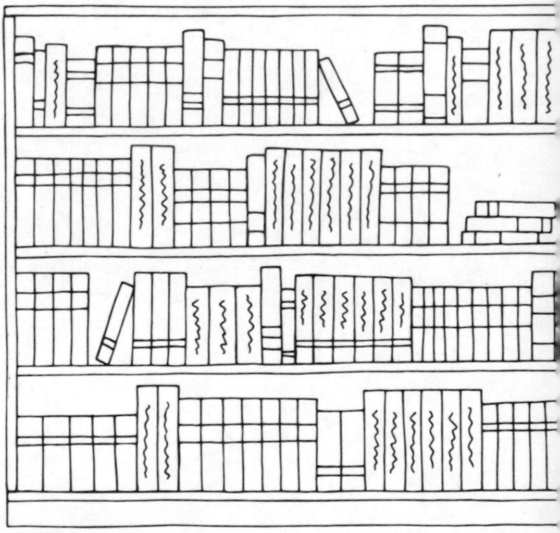

書架上陳列的書數量驚人，看著往生者留下來的書籍，想來是一位非常熱衷閱讀，看著看著就這樣過了一生的人。委託人並未告知往生者是男是女，但可以肯定的是，必定是一位不分領域、不分高貴或低俗、入門或專業，涉獵很廣泛的「濫讀型」讀者。

遠遠超過一般人身高的深色原木書架上，年代久遠的書與剛誕生的新書並排放在一起。又大又厚的書與小巧輕薄的書之間，也親密地沒有一點空隙。從一九七〇年代已褪色的文庫本叢書開始，到近來熱銷的心靈療癒類書籍，五十多年的歲月堆積其中，這書架或許就像是來者不拒的收容設施吧。那麼，今天該稱為紅色革命之日嗎？因為我要把所有書都裝在紅色袋子裡，讓它們從這個家解放。「如果把這些書全都集合起來，肯定會非常重，以這些量來說，扛個二、三個小時是無可避免的。」想到這裡，我的肩膀已經開始感到沉重了。但事實上，重的並不是我的肩膀，而是上面的書。對於整理遺物的人來說，處理好書籍的要領就只有盡心盡力堅持而已。書都是沉重的，無論何時都沒有要領。

我趕緊動手把書都掃進袋子裡，但是那些書封上的主題，卻不知不覺地慢慢靠近，向我搭話。我熟悉感興趣的主題，搭上話後又匆匆離開；素不相識的題材則在遠處故作斯文，悄悄向我搭訕：「要不要翻開來看看？」、「總得要打開來看才知道我是誰啊！」強烈地引誘我。拜託別這樣，我打掃往生者的房子都快忙死了啊！

在韓國，書放在書架上露出的那一側稱為「背」，翻開書頁的那一邊叫作「腹」。以人體構造來比喻書本的這一點，各國大同小異，例如在西歐，書背乾脆就直接叫「脊椎」（spine）。在韓國稱為書腹的部分，在日本則叫做「小口」。書可以比喻為讀者的文臣，自古文臣雖是服侍君主的角色，但實則會為了各自的主張而爭相出頭。書像文臣對君主喊著：「懇請接受微臣的意見。」主張與意見越是優秀豐富，會去閱讀的人就越多。看架上那麼多書，不知主人在一生中經歷了多少跌宕起伏。當遇到主張互相矛盾、對立之時，又是如何在化解的同時調整方向呢？

書架上的書一本一本被取下來，空著的地方越多，對往生者的想像就越具體，已經有很多書留下線索後消失了。我的想像可能與往生者毫無關係，我把他描繪成一個在美國工作的電子工程師。也許是對職業的偏見，他應該是位男性，雖然是新教徒，但早已失去對宗教的熱情。後來對攝影產生喜好，喜歡拍攝候鳥等自然萬物勝過拍攝人物。比起小說那類由人編造出來的故事，更關心立足於現實的撰述。最重要的是，他具有對這個世界多種面向的問題意識。

我想像一個身穿藍色工作服、熱血沸騰的男子，坐在巷子內的小酒館裡。背包裡裝有電子測試儀和絕緣手套，脖子上掛著裝了巨大長鏡頭的照相機。袖子隨意挽起，胳膊上露出粗壯的血管，遠看彷彿錯綜的江河支流。酒一杯一杯地喝，聲音越來越嘶啞，他對這個世界有著各種關心，卻也同時存在著無數的矛盾和疑問。最近政府應該優先考慮什麼課題？在泛國家性的經濟危機中企業如何展望未來？宗教界要如何呼籲重視反思與自省？為了找回善良

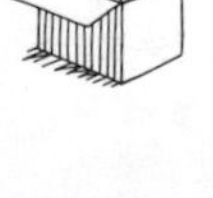

的人性應該做些什麼努力……與顯微鏡下的微小世界相比，他似乎更傾向於用望遠長鏡頭觀察到的遠景來做判斷。但在他面前的桌子看起來不太牢靠，好像隨時會倒，只有一根細瘦的筷子，碗又小又淺。這家酒館的布置比那客人看過的世界要簡單得多。現在的我，或許用一種非常輕浮、隨便的手法，把裝滿了這個男子過往的又大又沉重的書架清空了。

書架完全被清得一乾二淨，剩下層板和空架子愣愣地站在那兒。現在，已經沒有誰可以跟我搭話了。絢爛的書消失後，只留下長期累積下來的灰塵，就像證人沉默的不滿一層一層地留下。看起來瘦骨嶙峋的書架，宛如他的背脊，曾經健壯、寬闊的後背，隨著年齡增長變得削瘦如柴。

或許書架是那個主人的十字架也說不定。望著空空如也的書架，我想起他一生所肩負的使命。無數的想法和信念、看待世界的方式、人生目標和想要貫徹的意志、他帶領的家族生計、私欲和細膩的取向，就這樣心甘情願地背負著活下來，最後來到不得不認輸的歲月。現在只留下如十字架一樣的書架，人無牽無掛地走了。黑色實木書架很容易解體，拆解成輕巧的木板，鋪在貨車後車斗裡載走。再也沒有東西釘住他的肩膀或手。我辛苦的肩膀現在感覺很輕盈，但其實變輕的不是肩膀，而是我的心。

好，房間終於空無一物了。

後來從家屬那裡聽了才知道，過世的為一名女性，是獨居了十多年的老母親。丈夫早年去世，所有物品原封不動地留在她身邊，一直陪伴她直到去世的那一天。他的書架成了她的書架，而他的十字架也成了她的十字架嗎？歲月可以這樣原封不動地轉嫁嗎？我也不知道。那段歲月不是一個某天突然闖入，微不足道的清潔工有能耐測量的大小。

棉被裡的世界

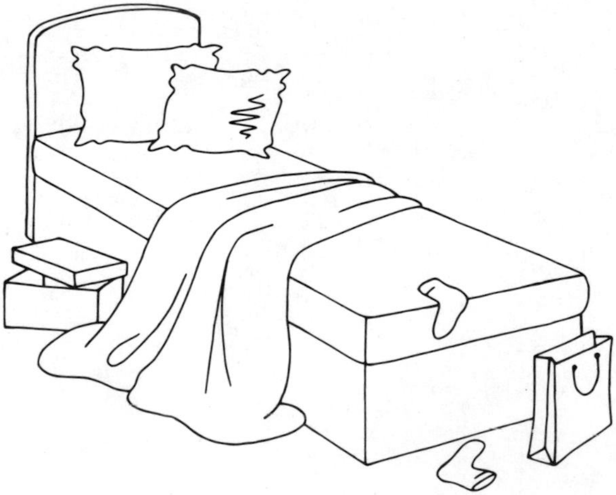

不需要尋找印了地址的藍色門牌，一股難聞的味道先站出來迎接，將我帶到位於地下住宅的門前。打開玄關門，在黑暗中摸索著電燈開關，但燈並沒有亮。若是因為未繳電費而被斷電，那也不是什麼怪事。我在牆上找到沒有蓋子的舊式配電箱，將閘門往上扳，一邊瞄到洗手間的門縫裡閃著光，這讓我有點訝異。看來這裡並未被斷電，是有人故意切斷電力。可是除了警方應該沒有其他人會進來，而且警方也沒有理由切斷電力。

我稍微繞了一下附有廚房的小客廳，再不慌不忙地打開房間門。與我的悠閒自在不同，往生者所製造的氣味一點也不會拐彎抹角，立刻掐住我的喉嚨。房裡的電燈一樣沒亮，這間屋子裡唯一有光的地方只有洗手間，只是就連那裡的燈泡似乎也壽命將至，一閃一閃地發出求救信號……

一位三十多歲的男子長期獨居在這裡。即便到了日正當中的晌午時分，屋裡依然十分昏暗，還不如直接稱作「暗房」來得貼切。拿出手電筒，從房間的左邊照到右邊，我的手彷彿成了照亮黑暗大海的燈塔。圓形光影中映入眼簾的是沉默的家具，揭示往生者微不足道的生活。褐色遮光窗簾覆蓋了整個牆面，就像舞臺上降下的巨大布幕。如果說是故障的照明設備和地下室結構造成室內如此昏暗，那麼籠罩著這個房間的陰鬱氣氛，可能來自於那厚重的窗簾。現在，我要做的就是把窗簾掀開，讓外面的光線得以進來。

我跨過門檻，朝窗簾邁進，這時地上突然「咕咚」一聲，像是踩到什麼液體的感覺。雖然我套了鞋套，但還是應該注意地板的狀態，不過在黑暗中無可奈何，只能繼續前進。拉開窗簾，大白天的陽光毫不猶豫地刺向我的眼睛，反抗陌生人入侵而騰空揚起的灰塵在陽光下四散閃爍。果然只要拉開窗廉，良好的採光就能進入這地下屋內。環顧四周，到處都長滿了黴菌，從下往上到天花板，將壁紙染成墨綠色。

不出所料，我的腳正踩在厚實的棉被上，而棉被因為屍體滲出的血水浸濕了。雖然沒有床，但地上鋪了好幾床被褥，幾乎沒有空隙。有時候接到報案趕到現場的警察，為了避免把鞋子弄濕，會隨手拿毯子之類的東西鋪在地上，但在這間屋子裡居住的人，似乎一直以來都把棉被鋪在地板上。難道往生者不用電、不外出，只在這棉被堆中度日嗎？

死者的軀體並不像電影或電視劇中呈現的那樣，像睡著了一樣維持完整狀態。若是因腦中風、心肌梗塞等心血管疾病，或像肺栓塞之類的肺部疾病而死亡，只要放置二、三天，就會從體內湧出大量血液及體液。如果是上吊自殺，在停止呼吸之後，直立的四肢會失去調節肌肉的力量，身體像鬆脫的閘門般，各種污物也會排泄出來。因此曾有人說過：「人體就像有機的化工廠」，真是非常貼切的比喻。人死了之後細菌增生，各種器官會膨脹，像吹氣球一樣越來越大最後爆炸，腹部爆開後會將所有液體傾瀉到體外。以成年男性為基準，體內水分所佔的比重高達百分之六十五。人體內的有機物質和水分一起湧出體外後腐爛，越過地下室的窗戶和牆壁滲透出去，連巷口都飄散著這悲劇性的氣味。

要想把濕棉被裝進垃圾袋裡，必須先想辦法盡量縮小體積，處理這種充滿血腥和腐物的棉被絕非易事。首先，濕透的棉被非常重，即使是健壯的成年男子雙手使力還是很難捲起來，而且稍有疏忽，就會沾染到自己的手臂或胸口，因此抓著被子的手必須盡量遠離身體。遠看還真像在打架一樣，手臂伸得長長地抓著棉被的領口不放。

好不容易將棉被捲好塞進垃圾袋裡，額頭的汗珠流下來，刺痛了雙眼，嘴裡散發出燥熱的味道。這時，任何有味道的東西都吞不進去。痛苦只有在更痛苦的排行榜中，才能慢慢平靜下來。

把厚重的棉被收拾好，又是另一番陌生的景象。地熱的炕板上胡亂地鋪了幾張薄薄的毯子，還有無數個早已燒盡融化的蠟燭，只剩下石蠟的根部黏在地上，像魔法師留下的圓形結界和魔法陣一樣排列。筆記本和紙張散落在血水中，上頭的字跡難以辨認。沒有電視機也沒有電腦，冰箱裡空空蕩蕩，插頭也被拔掉，掉落在黑紅色血水中凝固得像羊羹一樣。打開冰箱冷凍室，裡頭一點冷空氣也沒有。

這真的是人住的地方嗎？難道是崇尚無欲無求的人生？塑膠抽屜櫃裡只有幾件薄T恤和一條腰帶。上層裝滿了白色的藥袋，處方箋上的診療單位標註著某大學醫院的神經精神醫學科。如果有人活到這種境地，那他的心應該像在地獄一樣吧。

從外面鎖上門，一天只接受一頓供養，賭上自己的性命，勇猛精進的佛家「無門關」修行。不管是如此嚴格的閉關修煉也好，只有最低限度的食物、溫度也罷，應該都不會比這沒有任何人來拜訪過的地下室生活更嚴酷吧。往生者自己切斷電源，用遮光窗簾築起與世隔絕的牆，這還不夠，還將自己埋在棉被裡，點燃蠟燭拚命地寫著什麼。直到有一天，死亡降臨，人們終於找到他並把他推向門外。不，與其說是找到他，不如說是找到散發惡臭的原因。

他在筆記本和紙上執著地刻畫些什麼呢？我只能認出數字。不規則的數字行列，還有像老師改考卷一樣畫圈和橫豎的直線……完全無法掌握那些到底是具有連續的意思，還是各自獨立的意圖。是為自己留下的備忘錄嗎？或是想向外界傳達的訊息？他那麼努力留下的紀錄難道僅僅只是妄想、幻覺、憂鬱症等慢性精神異常的證據嗎？如果往生者的生活真像嚴謹的修行一樣，那麼在那殘酷的苦行中最終領悟的真理是什麼呢？

從清除地下生活的軌跡，直到打掃完各個角落為止，我找不到任何能理解他生活的線索。在地下過著自我幽閉的生活，蟄居在黑暗中，蒙上厚厚的被子，直到獨自離開人世，我無從得知他到底埋頭做了些什麼。但在屋子裡停留的這幾天，從對往生者反覆產生的疑問中我領悟到一點，那就是無論在這裡看到什麼，都只是我個人想法的反射罷了。

歸根究柢，我在清掃這間屋子的過程中所看到的極致孤獨，其實只是再一次審視自己觀念中陳舊的孤寂；在這死亡中看到的痛苦與絕望，也只是將我從未放開的人生痛苦和絕望，投射到這地下室的可怕狀況裡而已。看到一個不幸的男子在年輕時因為精神疾病無法照顧好自己，最終死去，而我就把過去如同寶物般珍藏的毫無意義的不幸，原封不動轉嫁給那個男人，然後佯裝不知情地置身事外。我總是像審視自己一樣看著別人和世界——那是我在這間地下房裡，唯一領悟到的事實。

一個素未謀面的男人，我想像他在黑暗中蒙頭蓋被，點著蠟燭的臉。當時在那裡的黑暗非常深沉、殘酷，但當點燃燭火的瞬間，一定十分耀眼明亮。在搖曳的燈光下，他的臉龐會是多麼純真和熾熱？想到這裡，眼淚就模糊了我的世界。

「他只是過著自己的人生而已。直到最後命運降臨的那一刻，他都只是拚命地過自己的生活罷了。」

陰暗的世界在不知不覺中逐漸散去，心情變得舒暢。現在，讓我們擦去眼淚，以一顆澄澈的心，在被窩裡的蠟燭前，畫出自在微笑的臉龐吧。今天，我想看看你的臉；明天，看看我的臉。

歸根究柢，
我在清掃這間屋子的過程中所看到的極致孤獨，
其實只是再一次審視自己觀念中陳舊的孤寂；
在這死亡中看到的痛苦與絕望，
也只是將我從未放開的人生痛苦和絕望，
投射到這地下室的可怕狀況裡而已。

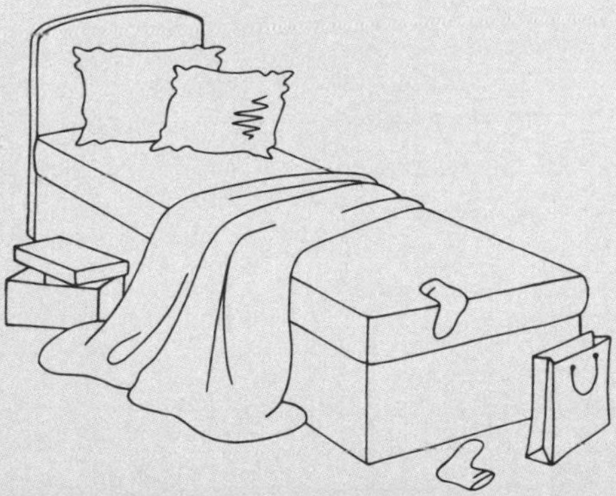

隱藏的東西

男子慌忙叫住走在前面正要轉彎的我們。剛才搭電梯時，他不時乾咳，與他一起的中年婦女則悄悄別過臉去。

「等一下。兩位可以先去看看嗎？不，還是請你們自己去看就好，我們在這裡等你們。」

我們要去的七一〇號，就位於安全梯前走廊盡頭的最後一間，沿著開放型的走廊前進，這中間會經過九戶人家。別說走到大門前，他們連七樓第一戶的這個轉角都不願過去嗎？房東是姐姐，雖然派出家中唯一的男丁——弟弟做為代理人，但顯然他也沒能擔起重任，早早就舉旗投降了。已經是中壯年的男人，也會感到害怕和忌諱。不過仔細想想，年齡和性別又能成為什麼防護盾牌呢？往生者在那間屋子裡自殺後，隔了一段時間才被發現，而且死去的並非一個人，是兩個。要進入兩個房客一起自殺的房子，任何人都會猶豫，我也不能期待別人做我已經熟悉的事情。

「那麼就請先下去一樓等吧，我可以將屋子裡的狀況拍下來，用照片討論也是一種方法。我們現在先去現場看看，待會要下去一樓時再打電話給您。」

前門把手上有個比硬幣稍大的窟窿，可能是因為門被由內反鎖，只好用電鑽在上面鑽孔挖出鎖頭。門上貼了好幾張因未繳費而將被中斷天然氣供應的通知，像符咒一樣的黃紙，用紅字寫著「依照通知內容停止供應天然氣」，單子被風吹得瑟瑟發抖。此外，周圍還凌亂地貼著掛號郵件待領的通知。

不只玄關門上貼了符咒，進入屋內，冰箱和電視機、電腦、洗衣機之類的家電製品上，都貼著人稱「紅標籤」的「沒收封條」，封條上標記了扣押物品項及日期。我數了數一共有七張，與幸運數字一樣多的扣押品。這些封條意味著對於付錢使用過它們的人來說，不管遇到什麼事，這些東西現在都有別的主人了。封條如果未經許可擅自拆掉是違法的，這些可是具有可怕法律效力的現實世界的符咒。

「要不要看看屋裡的照片？」房東的弟弟原本說不用了，但聽到有幾張扣押封條時，才嚴肅地表示要看照片。

「貼了扣押品封條的物件，代表另有所屬，任何人都不能隨意處理。所以首先要聯繫貼封條的法院執行官，告知情況，詢問申請扣押的人是誰。如果您需要進一步法律諮詢，我可以介紹熟悉此業務的法務代理人提供幫助。」

房東的弟弟接受了我的建議，並隨時與我分享事情的進展。申請扣押的債權人是信用卡公司，據說得知債務人中年夫婦自殺的消息之後，就立刻放棄收回債權。透過無數的經驗可以知道，在人離世後長期閒置的房子裡，家電產品不僅不是財產，反而會成為讓人頭疼、需要付錢處理的垃圾。從信用卡公司申請解除扣押到法院受理並完成解除程序，大約需要一個月的時間。

一個月後我再度來到這間屋子。最初接到委託聯繫時，往生者已經死亡五個月，而到我終於前往清理時，已經是他們離世半年後了。

對沒有孩子的兩夫妻來說，屋內堆放的家具太多了，也因此使得人可以停留和移動的空間非常狹小。抽屜裡放了許多高價精品的包裝袋、防塵袋和保證卡，但真正的精品並不在，只留下曾經擁有過的證據。是遠在外地的遺屬們來過，把值錢的東西都拿走了嗎？也許他們生前享受的奢侈和高級的品味，讓家人和親戚們羨慕又嫉妒。

屋子裡的裝飾品極多，沒有孩子的兩夫妻或許對彼此用情至深，不亞於二十多歲的新婚夫妻，以愛為主題讓人感到肉麻的裝飾品和玩偶、相框等擺滿了各處。想到在那麼多愛的象徵物面前燒炭，躺在羅馬簾床幔從天花板垂下的床上靜靜等待死亡的往生者，心裡就很難受。或許他們比誰都想活得光采，比任何人都想活著渴望彼此的愛，確認彼此的存在。

不可否認，任何人都在自己的迫切感中面對這個世界。奢侈的背後往往是從小就刻骨銘心的經濟缺乏感，想用愛的小物件裝飾家中每個角落，也許是因為無法得到愛與被拋棄的恐懼生根發芽，錯綜複雜交織在一起而造成的補償心理。

兩個人一起躺著迎接命運終結的床，被黑褐色的斑點所染。或許，這死亡的污點，才是一起維持生計的夫妻最後協力之作。為了將已經破爛不堪的床搬到明亮的地面世界，必須將床墊和床架拆開。要拆除被血和分泌物污染的床墊是很麻煩又棘手的事，像這種高檔床墊，結構通常比較複雜。而且，在吸收了兩具屍體的血液、體液等分泌物的情況下，拆卸時必須比平時更小心。

先把沾了血跡的被褥和毛毯裝在塑膠袋裡，再拉開床墊側邊環繞的拉鍊，拆掉第一層。接著，用鉗子剪斷沿著邊角密密麻麻鑲嵌的大型訂書針，不過不知是不是裡面還有其他隱藏的針腳，表布還是沒有脫落下來，我只好爬上床墊，腳踩在沒沾上血的部分，像鬥牛士抓住牛角展開殊死鬥一般，抓住表布末端向上撕開。這是一項艱鉅的工作。防毒面罩內早已汗如雨下，那汗水彷彿拿紙杯來也接不完。

然後，我剝去高級床墊才有的厚厚乳膠。每去除一層床墊內裡，血污就會跟著變小。拆掉乳膠，再拆掉另一層棉質內裡，一團血跡漸漸分成二個長長的橢圓。繼續拆下去，包裹著彈簧的白色不織布露出來，更能清晰地看到兩具肉體各自製造的兩團血跡。兩個橢圓形斑點就是兩個人躺在這裡，一起靜待生命終結的痕跡。是兩人同一天在此同歸於盡的證據。

現在，床墊只剩下瘦削的鋼鐵骨架，斜斜倚靠著牆面。接著，我用電鑽將木框床架分解。沉重的實心木板因沾滿人體腐爛後流出的油脂，即使戴了橡皮手套也還是滑溜溜的。先抓住寬大的床頭板，小心翼翼地轉向牆邊，但意外地聽到「匡噹」一聲，類似金屬撞擊的聲音。我暫停動作往下一看，發現兩把磨得鋒利的餐刀。

在床側藏了刀子，連警方也沒有發現。但他們為什麼要將刀子藏在那裡？是夫妻倆一起準備的嗎？還是其中一個人私自準備的？難道是為了萬一燒炭自殺不成，有個備案好再一次徹底了結嗎？或者是預防說好一起自殺的兩人，到最後萬一有一方反悔想獨活的話，再用刀子來強制殺死對方以維持原本計畫？如果是這樣，那也沒有必要準備兩把刀子啊？

隨著各種想法不斷出現，原本因遺憾而沉澱的心情又開始掀起波瀾。防護衣裡熱烘烘的體溫瞬間驟降，背脊流下冷冰冰的汗。

這兩把暗藏的刀是希望一起死去也能維持關係的愛情象徵？還是背叛與怨恨的證物？我想相信的是哪一種結局呢？今天我來到這個充滿痛苦的空間裡，是為了找尋仍殘存的一絲溫暖，還是為了發掘證明這個世界冷酷無情、不可動搖的根據？

繼續整理屋子，卻接連發現暗示兩人關係不健全的證據。一起拍攝的放大照片被刀子剜過掉在客廳的地板上，臥房門上有用粉紅色唇膏寫著「混蛋」的痕跡，可以想見彼此的憤怒達到何種程度。

我仍想看見愛的結局。雖然照片被剜碎掉下來了，但那碎片的其他部分和相框，依舊整齊地排列在客廳的角落裡。用刀把照片剜碎並非結束，而是為了把相框從牆上拆下來整理。在門上寫了「混蛋」之後，應該站在原地看了好一陣子吧。看得出後來應該拿了濕紙巾想把字擦掉，所以字跡才會暈開又顯得模糊不清。不是寫完「混蛋」就結束了，後續還有想刪除它的行為。

隱藏的刀具是愛情的象徵，這想法也許太傷感了。我並不知道那兩把刀藏在那裡的真正原因，但我相信，即使那刀子無法實現愛情，至少是嚮往愛情的。我想相信，那並不是為了斷絕關係，而是希望透過死亡維持緣分的隱藏證據。雖然無法同年同月同日生，但希望能在同一天一起向世界告別。我想相信那是夫妻倆生平唯一想完整珍藏的記憶，是屬於他們的小小勳章。

即使這一切只是一個微不足道的清潔工，充滿偏見、沒有根據的固執信念，但也沒什麼好否認的。把這種信念深深地埋在心裡，偶爾想起來，就去看一看。如果這信念等不到發芽，就在原地枯萎的話，我真的連一天都沒有信心可以在這世上堅持下去。

好懷念孢子飛揚的春天。

雙雙棒

星期一早晨，百貨公司剛開門營業，顧客稀稀落落的，在服飾賣場設置的寬敞陳列架上，每一層都疊了不同顏色和花紋的衣服，列隊躺著。兩名中年婦女在陳列架前停留了一會兒，離開時原本整齊的架上已面目全非。不遠處一位長髮的年輕店員走過來，像快轉畫面一般熟練地折衣服。就像打太極拳一樣，看似無心卻精準無誤的手法，讓原本散落著凌亂衣服的陳列架重新有了最初的秩序。

我在角落等著去洗手間的一行人之間，看到那樣的畫面突然想起了她的房間。整理得極其精美的單人房。她在那個房間結束了一生最後一次的打掃和整理後，上吊自殺。

一頭蒼蒼白髮，但身形魁梧的老人站在建築物前交叉著胳膊等待。當我們接到「請現在馬上過來」的要求而匆匆上路，抵達時巷裡已是一片漆黑。一見面屋主就大吐苦水，說因為那個死去的女人，讓他飽受其他房客抱怨，真是受盡折磨，有苦難言。說完後，屋主像是鬆了一口氣地把鑰匙遞給我。比起魁梧的身材，他的手顯得格外修長，連手背上的細微汗毛都白得像沾了麵粉。

在地下室通道盡頭的最後一間房，極難聞的氣味正等著我。打開玄關門進去，頭頂上的感應式燈泡像是憋了很久，迫不及待「啪」的一聲亮了起來。我還沒來得及找位於牆壁上的電燈開關，在瞬間的光亮下，悲劇的全貌毫無保留地暴露在眼前。天然氣管沿著正方形天花板長長地延伸，管子上吊著一根約一公尺長的橘黃色曬衣繩，繩子末端有鬆開的線團。她就是用吊在管子上那根繩子做成環結將自己吊死的。彷彿為了證明這一點，與曬衣繩相接的壁紙上有個倒著的巨大問號，被血染得通紅。到底是什麼原因讓她選擇自殺？

踩著梯子往上，將曬衣繩的結一個個解開，不過即使解開這些繩結，往生者心中積聚的傷痛也不會解開吧。撕掉沾滿血跡的壁紙，收起地上濕漉漉的被褥，密封在袋子裡。先將比較殘酷的痕跡清理到某種程度後，靜下心來，這時房間的具體面貌才進入視野。

如果撇開有人死在這裡不談，這其實是間非常乾淨的房間。首先映入眼簾的是掛衣服用的吊衣桿。褲子歸褲子，很俐落地像豎起的翅膀般排成一列。大衣與夾克都套上防塵套，保持一定的間隔懸掛。衣服沿著橫桿，從長到短依次以漸層形態懸掛。塑膠抽屜櫃內，襪子和內衣按顏色區分，摺成扇形，垂直疊放。真是非常完美的整理術。洗髮精及沐浴乳等容器的噴頭，也都像指南針一樣朝向同一個方向。突然，浴室鏡子前的漱口杯中並排放著的兩支牙刷吸引了我的視線。不是一個人嗎？沒有發現刮鬍刀，但在浴室牆壁上的塑膠收納櫃裡放著男用刮鬍刀片盒，其中兩個是空的。

在清理廚房時，與她一同停留過的「他」顯露了出來。或者應該說是存在過的不存在吧？水槽上收納櫃和抽屜內的筷子和湯匙、飯碗和湯碗，全都是一對的。速食麵依種類口味各有兩包，即食咖哩也是，像香蕉一樣彎曲的餅乾亦然。茶杯就不用說了，連底下墊的茶托也是一對的。剩下一瓶酒，但燒酒杯和啤酒杯也都各有兩個……

一個獨自結束自己生命的單身女性，可是留下的餐具等生活用品都不是單獨的，而是成雙成對。所有一切都整理得完美無缺，但與他一起吃飯時用的東西，難道就捨不得丟嗎？食衣住行，也許正是我們生活中最根深蒂固、難以刨除的本質。雖然人生看似錯綜複雜且糾纏不清，但這一切其實都只是源於想要共同生活的單純動機。也許，透過不當手段貪圖最高權力的人、或是偷竊幾個麵包藏在懷裡逃跑的人，歸究起來都是為了能與家人一起吃飯，在那樣的原點上踩著起跑器[9]出發的吧。但是活著活著，原始出發地已不知不覺地被遺忘，最後抵達的終點也與當初所想的目的地相去甚遠。

將冰箱冷藏室內的食物都清空後，我打開冷凍櫃，在冰涼又空虛的冷凍櫃正中間，只有一支「雙雙棒」在裡面吹冷氣。為了表達兩人關係良好，廠商創造了相連在一起且可以分食的冰棒。不是購買兩支冰棒，而是非要選購一支可以分食的「雙雙棒」，那份戀戀不捨的心動搖著我。像我這種職業的人，在工作的時候，總會收起我的心，以免感情受影響而動搖，但在冰封的雙雙棒面前，我卻無法保持冷靜。原來，一些微小的事物反而更容易撼動我。

曾和她一起吃、一起喝的人，就這樣以食物留下清晰的存在，透過可分享共食的冰棒傳達出令人迷惘的存在感。在他消失之後，她的生活，她必須吃、必須活下去的理由是不是也全消失了呢？他的不在，是不是極度動搖了她的所有存在？

在百貨公司等著去洗手間的一行人，我突然想起那個素未謀面，連名字都不知道的她，最後辛苦地打掃房間、擦拭、默默洗衣服的樣子。你曾經想像過那樣孤單寂寞的風景嗎？

9 短跑運動員在田徑比賽中起跑時使用的一種設備。

致親愛的英珉

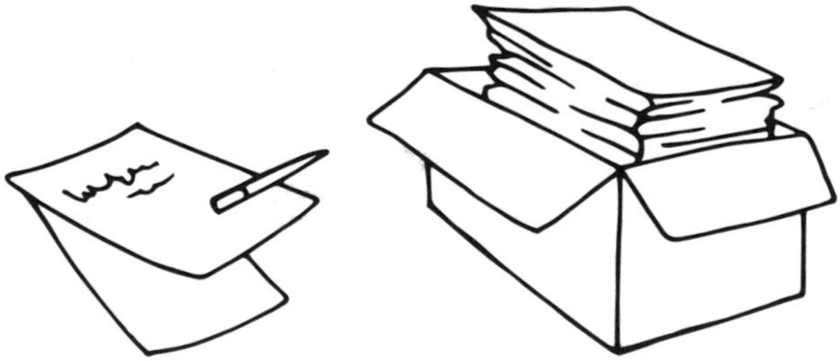

你好，不說名字、出生地、現在住在哪裡，你也應該知道我是誰吧？也是，或許那些資訊對你來說一點也不重要。自我介紹這種問候方式，也許只有停留在這個世界的人才通用。

我只想表明，如果你還活著，我們的年紀是一樣的。我想我們小時候曾經瘋狂迷過的漫畫人物、珍惜的玩具、和朋友們在遊樂場玩過的電動應該都差不多。青少年時期經常跟著哼唱、成年之後和朋友們一起在ＫＴＶ唱的流行歌曲，應該也有很多重覆的吧。

偶然發現夾在厚厚的相冊中，不小心掉落在地上的照片。那是你服兵役在新兵訓練時期與同梯們一起拍的照片，現在別說是名字，他們的臉都變得很陌生了吧。照片中的你就像我剛入伍時一樣，也是瘦削而蒼白的臉。

你似乎長久以來受到病痛的折磨。在你倒下的地方周圍凝結了大量的血液，不僅在趴著時吐了，躺著的時候應該也咳得很厲害，黑色的血把枕頭和被褥都染花了，有幾滴血還濺到天花板。我是踩著梯子上去，拆開天花板上的壁紙時，才發現那細微的部分。

你每頓飯都要吃大概二十多粒的藥丸吧？藥袋和處方箋滿滿地堆在你亂七八糟的書桌上。不知從何時起，你似乎已經放棄了吃藥，我擔心還有大量的藥原封不動地留著。

你自己一個人住在這非常寬敞的公寓，除了你倒臥被發現的小房間之外，其餘房間裡的家具都亂七八糟積滿了灰塵。好一段時間沒有人出入，這裡就像倉庫一樣。

在看似主臥室的大房間裡，我在書架上發現了用報紙包著的結婚照。很少有男人適合穿白色西服，但想來你例外。你帶著淺淺的微笑站著，新娘坐在你前面，露出整齊的牙齒、燦爛的笑容。看著你們兩人一身白色禮服、戴著白色手套，突然想起冬季結束時，在陰暗乾枯的樹枝上綻放的白色玉蘭花。

結婚照旁邊，整整齊齊地放了好幾個名牌運動鞋的鞋盒，裡面有很多信和明信片、卡片等。那是穿白色禮服的她一直以來寫給你的，只要看信封上漂亮的手寫字「給親愛的英珉」就知道。當我詢問這些東西是否要保留時，你的弟弟一刻也不猶豫地就說把照片和信全部丟掉，這時我才想到你應該已與她分手了。你在世期間珍藏的各種故事，不一會兒就會裝在巨大的袋子裡，經過幾個星期輾轉於多個廢棄物處理設施後，最終變成一小撮微不足道的灰燼。如果颳起一陣風，就會飄散得無影無蹤，不留下任何痕跡。一想到這一點，就莫名地感到憂鬱和無力。說不定讓我心煩意亂的原因，就是我一直看著那些早已不在那裡的東西。

今天下午我不時想到你的弟弟。

一大清早我們就來進行消毒，屋裡什麼家當都沒有了，所有房間和客廳的

層板全拆，連壁紙也都拆光了，只露出灰色的混凝土牆面。你的弟弟來了，他說在上班途中順便來看看工作進行得如何。

他一言不發，快步走向客廳和洗手間，再繞到陽臺，最後走進你住的小房間，好一陣子沒有出來。經過十多分鐘一點動靜也沒有，我有點擔心，就悄悄地走到房門口。房門開著，我看到你弟弟愣愣地站在房間的正中央，背對著門，雙手摀住嘴，肩膀抖動得很厲害。我從未看過一個男人那樣無聲哭泣許久的背影。

我把你的弟弟留在那裡，默默地往後退一步。房門依然開著，我必須啟動一個會發出嘈雜噪音，很容易受到鄰居抗議的電動噴霧器，因為我無法像你弟弟一樣無聲地哭泣。看著他一邊道謝，一邊慌慌張張地走出去，我始終無法向他道別。

我也有兄弟，我們很早就失去了父母，但也只是每年打一兩次電話互相問候而已，且已經很久沒這麼做了，我先主動打電話聯絡也是許久以前的事。下午我一直想起你的弟弟，也止不住地想起我哥哥。哪天我也會像你弟弟一樣，為了我哥哥無聲哭泣許久嗎？或者我哥也會為了我那樣顫抖著肩膀，不出一點聲音地哭嗎？

今天我們離開，下個星期會有裝潢業者前來，將陳舊的照明置換成高效能明亮的燈具，鋪上新的地板和絲綢壁紙裝飾這間屋子。按照你弟弟的計劃，這屋子很快就會請房地產仲介代售，並迎接新主人入住。到時候，在事發後曾極力勸阻你父母前來的弟弟，說不定也不會再來這裡了。

你在那個地方一切安好吧？

在這裡停留的幾天，我厚顏無恥地看了你留在家中的所有東西，並努力抹去你的痕跡，但我對你的了解並不多。我們只不過是偶然在同一年出生在這個國家，你死得早了一點，而我到現在還活著。而且，對於你如此匆促經歷的死亡，其實我也同樣一刻都不耽誤，一步步地接近中。人類的存在，終歸都將毫無例外地迎來死亡。

在清理過程中得知你的名字和畢業的學校、公司、出生年月日等，但又有什麼意義呢？那些一點都不會告訴我關於你的任何故事。若要說在這裡作業的期間，有什麼是讓我明確知道的事，那並非關於你的一切，而是留下來的人對你的心意。

你是被愛的人。在你沒有丟棄的鞋盒內裝著的無數信件，就足以證明這一點。還有堅持一定要來這個你停留過的地方，看看你留下的痕跡的父母，以及獨自站在房間裡無聲哭泣的弟弟，他們都是證人。

他們都愛你。也許是因為你還在世時，即使身患重病備受痛苦折磨，也絕對沒有忘記愛別人。雖然你留下的東西最後都會消失、都被清理掉，但你留下的愛，相信是無人可獨佔的遺產，而且會永無止息地傳給另一個你、再給另一個你。

他們仍然愛著你。希望以我不足且拙劣的文字，可以將這個事實傳達讓你知道。

一個清掃故人停留之處的無名清潔工　敬上

第二章

做有一點「特別」的工作

特別的職業

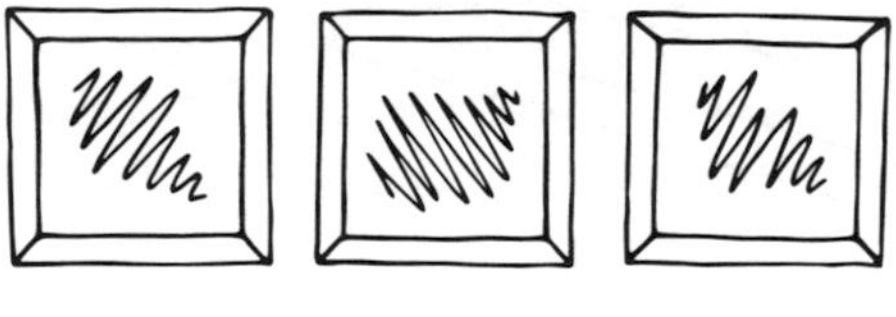

一群穿著制服的女性們吃飽了正要站起來。午餐時間，在上班族聚集的市中心，我們一行人還沒入坐，後面又進來了其他客人。因為不好擋住狹窄的通道，所以只好先坐在前一批客人剛走，剩菜和碗筷還沒被清理的餐桌前。用餐時間店家相當忙碌，點完餐後又過了十分鐘，店員才拿著托盤來收拾碗筷。還剩一半食物的大盤子和小菜碟子被順勢疊了起來，湯盅、飯碗、杯子等也在瞬間被放上了托盤。

雖然餐廳已座無虛席，因為客人的進進出出而忙得不可開交，但在我身旁的店員始終沒有失去平靜的表情，一直做著自己該做的事。左手收集餐巾紙屑等垃圾，拿著抹布的右手在桌上畫著像奧林匹克標誌般的五個圓，原本亂糟糟的餐桌很快就變得空蕩蕩的。果然是高手。如果收拾餐桌被列入比賽的正式項目，那麼店員要摘下獎牌根本就是易如反掌。

把亂七八糟的東西，清理乾淨。

從這一點來看，我的工作和收拾餐桌沒什麼兩樣。店員把擺在餐桌上的東西搬到廚房，我則是把屋內的東西都收集起來，送到屋外。每天在這地球上所有家庭和餐廳裡進行的餐桌收拾，基本上與我的工作本質是一樣的。

或許清理剩飯剩菜的工作難度不高，但清理往生者留下的軀體碎屑和血痕，以及帶著異味的生活用品，卻是沉重又嚴肅的事。特殊清潔是與眾不同的工作，這並非指特別困難的意思，而是工作內容常是對一般鮮少見到的狀況進行處置，工作本身並不特別，說穿了只是代替別人做必須做的事而已。因此，在韓國國稅局所發給的營業執照上，這份事業的種類標記為「服務業」。

> 不以產品為對象，從時間上來說，消費與生產同時；
> 以空間上來看，應該在生產的地方進行消費。[10]

經濟學上對服務業是這樣定義的。

清理往生者的家並不會有什麼顯而易見的成果，除了直接目擊在那裡發生的事情外，沒有其他方法可以確認細節，這幾乎符合經濟學的制式定義。沒有任何生產品，只是在某個時間內從事的某種行為。別說製造，就連殘餘的東西也必須當場消失，這種奇特的服務就是我的工作。就像收拾餐桌的人並無特異之處，從事特殊清掃業的人，也只是以提供服務獲得收益的平凡人罷了。

雖然前面放了「特殊」這樣的修飾語，但我們這行仍然像在人們面前無法露面的幽靈職業，甚至有很多人不知道這種職業的存在。在韓國稅法中，特殊清掃業並非一項獨立的「業種」，只是隸屬於「一般清掃業」的巨大範疇內。

10 朴恩泰、朴有賢（音譯，박은태、박유현）所著《經濟學事典》（경제학 사전）。二〇一九，經筵社。

「我要開始從事特殊清掃工作，所以來登記申請營業執照」，聽我這麼說，國稅局公務員只能微微露出為難的表情說：「什麼？沒有那種項目。應該算一般清掃業吧。如果是衛生管理或害蟲防治工作，就可以單獨設定項目……」

直到二〇一八年才在韓國《職業類別辭典》（직종별 직업사전）中首度登載的「遺物整理師」，也同樣沒能獲得獨立地位。當時，負責修訂出版《職業類別辭典》的韓國雇傭情報院，針對遺物整理師的職務內容進行分析研究，根據實際情況，修正了職業概要和業務內容，並提出正式意見。另外，還列舉了美國勞動省職業安全衛生局（Occupational Safety and Health Administration）的例子，要求在標準職業分類上新增索引內容。雖然提出的意見大部分被接受，但最終還是沒能脫離「配管清洗員及防疫員」這一職業類別的子分類。如果有人依照辭典所示找來通水管的配管清洗員或居家除蟲的防疫員，要求清理獨自離世的往生者閒置已久的屋子，不知他們會露出什麼表情。

或許是因為人們相信這是在死亡邊緣工作的特殊行業，所以通常都是有需求的人們主動找上門。報紙、雜誌、電視、廣播等傳播界人士不提，還有為了寫報告要求協助的大學生、收集論文資料的準博士、要求提供統計資料的行政機關研究員等……我見過許多各式各樣的人。經常有美術、電影、戲劇界人士與我聯繫，現在連擁有私人助理的知名電視編劇也找上門來。

「因為是很特別的工作。」

「這應該不是什麼人都可以做的工作。」

「是很崇高的工作啊。」

不斷聽到這樣的話，平凡的我漸漸成為特別的人，連我做的工作好像也變偉大了。哪兒的話，如果有這種甜蜜的錯覺，那麼當抵達獨自面對死亡的往生者的家時，肯定瞬間破碎。若碎片在心中某個角落堆積，依舊閃閃發光，那麼在忙於清掃屋子內外之際，會碎得更徹底，最終化為灰塵，飄散在空中。諷刺的是，這一行是以某人的死亡維持生計的工作，是往生者越多越活躍的事業。罪惡感就在我腳下踩踏的土地，回望來時路，罪惡感上印著長長的腳印，從遠處一路跟著我，深陷的痕跡深刻鮮明。

大頭蒼蠅在空中嗡嗡作響，發胖的蛆在每個角落蠕動，與其在埋葬蟲和牛蜱蟲爬行的地方尋找、撿拾所謂「特別」卻微小無用的碎片，還不如喚來颱風把留下的腳印一股作氣全都吹散。為了自行抹去無人過問的罪，我每晚都必須在夢裡走一趟尋求寬恕的朝聖之路。

餐廳裡依然擠滿了饕客，擁擠又吵雜，有拉開嗓門點餐的客人、有排隊要等著結帳的人、有拿著剪刀正要剪泡菜的人、還有滿嘴食物仍帶著激動的表情熱烈討論的人們……在一片混亂中，店員依舊以平靜的面孔來回穿梭在桌子之間，默默地做自己份內的工作。她平凡的動作看起來格外特別。

倒不如說這裡的一切都很特別，現在聚集在這裡的人沒有不特別的。所謂的「特別」，總是以有無價值為前提來定義。如果一切都是有價值的、寶貴的，如果現在在這裡找不到一件不特別的東西，那應該是非常幸福的一件事吧。

拯救生命的醫生、因為成績而垂頭喪氣的學生、拉著推車從電梯內走出來的送貨員、在咖啡表面用奶泡拉花的咖啡師、向開車上班的住戶一一舉手道別送行的大樓警衛……不管哪一種人都是特別的，我們做的所有事情都很高貴，還有我現在做的這份工作，也是非常珍貴的職業……

「如同你的工作一樣，我的工作也很特別。是某個獨一無二、無比珍貴的人去世後，由我為他清理在這世上曾停留過的足跡。一個人不可能死兩次，所以我為某個人提供的服務也只能有那麼一次。真是非常特別又高貴的工作不是嗎？」

不管哪一種人都是特別的，
我們做的所有事情都很高貴，
還有我現在做的這份工作，
也是非常珍貴的職業。

將房子清空的樂趣

我最常被問到的問題，應該是「工作時不覺得痛苦嗎？」以及未必是第二名、但也經常有人問的：「完成工作後有什麼意義？」這種提問組合，就像點了漢堡，薯條也就自然會出現一樣。不過根據提問者的喜好，有些人只追求一個漢堡就滿足，有些人還會再加點炸薯條和玉米沙拉。

這個世界上的痛苦和意義難道有比例原則嗎？偶爾會看到電視頻道介紹各國的極限職業，在展示了一系列痛苦、危險萬分的過程之後，記者毫無例外地會問：「工作的意義是什麼？」或許我們在不知不覺中相信，做得越辛苦，收穫也就越大。像附餐小菜中常出現的玉米沙拉一樣，遞出麥克風問道：「為什麼要做這麼辛苦的工作？」這種場面也經常出現。每當此時，我就會懷著激動的心情，看會不會有人勇敢地站出來回答：「一切只是為了我自己。」就像「為了買最新型遊戲機和更高功率的摩托車、為了去看搖滾樂隊的世界巡迴演唱會，所以我工作」，會不會真的有人站出來回答只是為了自己，才選擇這份艱難的工作。

然而，與我的期待不同，受訪者在麥克風面前總是帶著僵硬的表情回答：

「為了家人。」東西方都一樣，菜鳥與老鳥也沒什麼不同。最終還是為了照顧家人而必須賺錢，就算是危險又辛苦的工作也不推辭，我真想稱他們為聖人。

如果不是記者，提出「會不會很辛苦？」這種問題的人，通常是房東或建物管理者那類與往生者沒有直接關係的人。遺屬不僅沒有提問的心情，而且大多因為悲傷和壓力情緒十分低落，根本沒有時間去考慮清理的人工作會不會很辛苦。

過去曾被問過很多次：「工作時不覺得痛苦嗎？」這其實是很單純的問題，但老實說每次被問到時都很為難。原本應該可以準備一個任何人都能輕易接受的制式答案，流暢地回答就好，但每次都會像第一次被問到那樣不知所措，又得重新思考答案。其實會問「不覺得很辛苦嗎？」這樣的問題，本身就已經委婉地參雜了「那份工作很辛苦」的偏見。如果順應提問者的期待，回答很辛苦，不知為何會有種把一半的真相埋在心底，毫無誠意敷衍了事的感覺；但如果回答不辛苦的話，又似乎會讓對方像陷入迷宮一樣顯得更困惑，還會有點尷尬。所以，每當被問到這個問題時，我都會像分析自己的心理一樣，拚命摸索，看看有沒有未曾被觸及到的層面。

然而，就像多國領袖會議一樣，經過反覆開會，卻仍舊無法做出最好的決定；同樣的問題即便重覆思考，也不會出現更奇妙、更驚豔的回答。或許把期待放在愛因斯坦好幾代之後的遠房親戚，只憑兒童練習用的計算機就能揭開太陽系神祕面紗上還比較好。像我這樣頭腦不清晰的人，如果想得太多，生活會變得更難過。

所以經過長時間的思考，只在心裡對自己說，卻一次都沒有說出口的答案是這個：

「要說不辛苦也很難。」

這其實是很令人無語又模糊的回答，如果記者聽到這個答案，應該會一邊默默地喝水，一邊思考能否找機會打面前這個人的後腦勺。

我想說的是，雖然辛苦是無可否認的事實，但並不是只有苦，也有不少樂在其中的部分。世上沒有一份工作是完全充滿樂趣的，也沒有哪一項職業只有痛苦，像我這種工作也有快樂和收穫，所以持續有人選擇加入這一行，讓這個職業得以延續下去。同事們看到這個行業近來逐漸受到關注，諮詢和求助的人越來越多，紛紛覺得開心，能夠讓人理解自己的工作並得到認同是件好事。對於不得已而接受採訪的我來說，對夥伴們感到相當尊敬。一位在職場工作了很長時間後才轉行加入的同事認為，不一定每天都要上班，對工作有更多靈活性的選擇是這行的優點。比起不管願不願意都得每天上班，別人要你做什麼就必須做什麼，這一行屬於自己的主導權較多。這對於個體戶和自由工作者來說既是優點也是樂趣，不過一不小心很容易就會變得散漫，成為威脅收入的禍根。

如果要問我這份工作的樂趣是什麼，我想是「解放感」吧。也可以說，這是世界上無數的行業中，讓我將打掃當作終生職業，展開全新開始的最大動機。當散發著惡臭的地方，最終回復到人們可以放心呼吸的空間時；當我將堆滿生活用品和垃圾、無處可容身的地方，全都清空成為乾淨的房間時，我也感受到自由和解放感。讓人捂住鼻子，避之唯恐不及的東西，運用技巧讓它們消失。將抽屜、衣櫃、儲藏櫃裡長眠不醒的各種雜物和衣物，乾淨俐落地清除掉，這樣的工作對我來說是快樂而有魅力的。

如果問我工作時是否感到痛苦，我不會斷然否認；如果問我有沒有什麼樂趣，我也不會斬釘截鐵地說沒有。看到壁紙被撕光、地板被拆掉，只剩下混凝土粗胚牆的房子，我肩上的緊繃方能解除，得以享受自由與解放感。

如果哪天又有人問我：「工作時會不會覺得很痛苦？」我希望可以這樣回答：

「這個嘛……這樣說好了，要說不愉快也很難。」

野芝麻

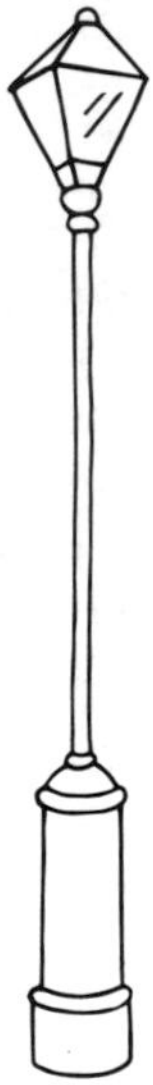

「開始從事這份工作後，在日常生活上有沒有什麼不一樣的地方？比如說辛苦的地方……」

一個緊緊握著原子筆、稚氣未脫的男學生，拿著人稱牛津筆記本的黃色紙板坐在我面前，好像連一絲呼吸聲也不願錯過似地記錄著。他上個星期寄了電子郵件給我，說自己在藝術大學主修劇本創作，希望可以和像我這樣從事特殊職業的人聊聊，然後寫成劇本。

「經常被問到這個問題。每次接受採訪時，我都很苦惱該怎麼說，但依舊是個很難回答的問題。」

為了表示沒什麼大不了而強顏歡笑，但對方卻突然改變態度，臉紅地表示如果是困難的問題就跳過吧。他的緊張感原封不動地呈現出來。

一走進這間咖啡店，我就很在意天花板。因為從空調噴出的寒冷乾燥的風中，透著非同尋常的氣味。不愧是直接烘焙的咖啡專賣店，牆壁和布織椅子處處都散發著烘豆的刺鼻香氣，但從天花板上飄來的氣味，發出一種不言而喻的訊息。可能在用石膏做成的天花板輕鋼架之間，某個地方有死掉的貓咪吧。如同前文中提到過的，在夏天的梅雨季，外頭被雨淋濕的流浪貓，會透過老舊建築暴露在外的大型通風機之類的通道進入室內，躲在天花板上，最後不幸因為失溫而死亡。通常梅雨季結束後的幾天，就會接到電話聯絡表示天花板傳出異味，要求前去處理的委託。無論是人還是動物的屍體，只要聞過一次脊椎哺乳類動物腐爛的氣味，就不會再被其他味道誤導。那個氣味就是如此特別。

「這間店天花板上的某處，可能有貓咪死掉了。雖然很細微，但還是有味道。要說我的日常有什麼不一樣，就是像這種部分，在日常生活中也有一種與死亡相連的感覺。從剛才打開咖啡店的門走進來，一直到現在，我都會忍不住想起貓咪蜷縮著身體慢慢腐爛的樣子。好像總是不由自主地會聯想到死亡。」

「啊？貓咪嗎？」

學生停下筆，抬頭望著天花板。

「總是那樣的話，真的會很辛苦啊。」

「是啊，就是這一點我也不知道為什麼，但這樣的想法真的很辛苦、很折磨人……就好像是開關一直開著一樣。因為總是想著與死亡有關的事，所以感覺好像也不能單純地區分『痛苦』或『快樂』。有人可能開著電燈就會無法睡著，但也有人就算在非常光亮的地方也可以輕易入睡，像我的話，現在就算開著燈也可以睡得很好。」

採訪進行了一個多小時，我提議暫時休息一下。我去了趟洗手間，站在洗手台前打開水龍頭時，突然想起在江原道山村度過的那二年，有一天晚上接到電話，當時的內容就像昨晚的對話一樣清晰。

「你好，我是住在橋另一邊的金春熙。」

「您好，一切都還好嗎？怎麼這麼晚還打電話來？是不是有什麼急事？」

山村到了下午四點左右太陽就下山了，晚上超過十點還打電話，這種事並不常見。金春熙奶奶把孩子送到城市裡生活，自己一個人守著祖厝、田地和祖墳，平常種種馬鈴薯做為消遣，收成了就與家族分享，是位年事已高的老奶奶。

那時，政府鼓勵民眾參與農村綜合開發事業，[11]即使是一天只有三班公車出入的偏僻小鎮，充滿野心的聰明人也無不蠢蠢欲動，農村掀起了規模空前的開發熱潮。由農業博士擔任代表，諮詢顧問公司吸收善於講故事的旅行作家，不放過這種進行布局的大好機會。我因為曾操作電腦，因此負責處理村裡的各項行政事務，後來被委任為開發事業準備委員，負責所有文件的制定工作，忙碌地往返於市政府與區公所之間。不過，我還是不時地懷疑這種開發事業，是否真的對農村的人有幫助。

「最近村子裡是不是在進行什麼事業啊？」

「是啊，在進行農村開發事業。」

「你負責做什麼啊？」

「喔，算是幫老人家們跑腿的吧。」

11 過去韓國農林畜產食品部為了替逐漸孤立的農村注入活力，在各區域投入數十到數百億韓圓的預算推動各項開發事業。

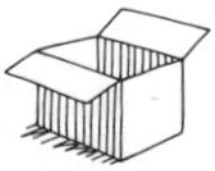

「這樣啊，辛苦你了。聽說村子裡要裝路燈是嗎？」

「是的，而且聽說是使用太陽能的環保路燈喔。村子裡一到晚上就一片黑漆漆的，區公所已經接到很多民怨了。不過這也不是立刻決定、施行，還要向上提報通過議案才行，現在還早得很，說不定還要好幾年呢。」

「是村子裡的人說要掛燈的是嗎？」

「是啊，從好幾年前開始，就不停有人反應晚上都烏漆墨黑的啊。」

「那些人是新搬到這裡來蓋什麼度假村的外地人吧。那個不能掛啦。」

「啊？您說不能裝路燈？」

「我跟你說，這是我們的田地，他們如果在這裡弄那個什麼路燈的可不行，晚上有燈的話農作物會活不了，芝麻那些全都會死光光啊。絕不能在那裡裝路燈，一支都不行，你聽懂我的話了嗎？」

正當我還在猶豫，不知道該怎麼回答時，奶奶就先把電話掛掉了。

那已經是將近十年前的事了，但至今那晚接到電話時不知所措的感覺依然鮮明。「黑漆漆的山村如果能夠變亮就好了。」這樣的想法，完全反映了對農耕生活的無知和茫然。在徹夜不熄地像白晝一樣的照明下，沒有嘴巴的植物連呼救的機會都沒有就直接枯萎。

我又多點了一杯咖啡後才坐下來，對方不好意思地說：「應該由我請您喝的……」顯得坐立不安。

「老實說，也許是我的錯覺，誤以為自己睡得很好。」

「嗯？什麼錯覺？」

學生急忙又拿起筆和黃色的紙板，一副準備好要聆聽記錄的態勢。

「我不是說過即使開著燈也能睡得很好嗎？開關一直開著……」
「是啊，您剛剛還說好像總是會聯想到死亡，經常在想關於死亡的事。」
「說不定，現在我已經分辨不出痛苦是什麼，而只是一直承受罷了。雖然自己覺得過得很好，但或許實際上只是撐過去而已……這麼說來，也許是因為這樣，所以我才會每次都覺得很難回答吧。是我在無意識中忽略了。」

超過三小時的採訪結束，我感到極度飢餓，一邊走回辦公室。經過國立圖書館，在人行道前等待信號燈變換時，我看見區分車道和人行道之間的分隔島，軟石縫隙裡開滿了蒲公英。穿過那狹小的縫隙，向著太陽照射的方向生長，最終成為一束孢子，已經準備好展開新的旅行了。在貧瘠城市不眠的燈光下生存的野花令人感到欣喜。

不知道山村那片田的芝麻長得好嗎？希望有一天能先放下個人的瑣事與工作，再次踏上旅途。我想向在那路途中遇到的野花揮手問候。

各位夥伴們，

我厚著臉皮，跌跌撞撞地勉強挺過來了，

你們這段時間都過得好嗎？

凶宅的誕生

「在清掃往生者的家時，曾見過鬼嗎？」

也許很難相信，但我時不時會接到這種提問。好奇心旺盛的孩子們在哪裡看到某個都市怪談時，會開玩笑似地到公司的部落格等社群網站留言詢問；有時，也會有時事月刊的記者或準備新作品的電視編劇，以熟練的技巧及非常認真的表情進行採訪，然後通常在準備好的問題都問完，回答結束後私下閒聊時，用像玩笑般的語氣偷偷詢問。也有某位經濟雜誌的記者在正式採訪中準備了這樣的問題，我反問他：「讀者們真的會對此感到好奇嗎？」讓他有點不知所措。還有位日報記者問這個問題時，我故意正經八百地對他說：「其實從剛剛就一直坐在您旁邊。」他聽了之後筆就掉了。藉這個機會容我再次向他道歉。

有些狀況是家裡有人過世，急急忙忙地隨便找個人來清理，糊里糊塗地收拾就算結束。但那樣不僅臭味難消，且屋子裡仍會留下蛆蟲，讓人頭疼不已。後來，人們意識到清理時應該找專業的團隊，在拖了很久之後才找我們去處理。除了首都圈，來自人口較少的城市或是面、邑、村、里等更小的行政區的案件也不少。接到遲來的委託，我們長途跋涉前往風和日麗的南島，或是連陽光都覺得冷的江原道偏僻農村，在現場不時會發現有為了消除氣味焚燒五穀的痕跡，或是院子裡散落著為了消災避邪而打碎的匏瓜，窗前插上薰香或門前撒了粗鹽的情景更是屢見不鮮。有的屋主自己進行消毒，在屋裡各個角落都灑了燒酒，若非聽過屋主的說明，很容易誤以為往生者有嚴重的酒精中毒，因為無法抗拒酒癮然後選擇一死了之。

就像每個地區都有傳統的祭品一樣，和死亡相關的民間習俗也充滿地方色彩。在南海某個海邊小村，據說會焚燒鹿尾菜、馬尾藻之類常人難以分辨的乾海藻類，用以撫慰死者的靈魂。而在山脊下被肥沃、寬廣的農田包圍的農家，則通常是燒乾艾草，就像在首爾人們會把咖啡渣裝在紙杯裡，放在屋內樓梯各個角落以達到除臭效果一樣。雖然從保健和衛生的角度來看，似乎並不是很有效的方法。比起大城市，小村莊的人們在應對方式上更具有原始、深邃的態度，散發出「這真是人性化啊」的樸素能量。不過，熙熙攘攘的蒼蠅和蛆蟲還是令人感到無奈……

韓國仍然保留著各種有關人類死亡的民間習俗和巫教信仰，人們與生俱來對超自然、死後世界的好奇心和敬畏心根深蒂固。「會不會有鬼？」、「往生者的靈魂，難道不會對清理自己東西的人懷恨在心，追到對方家裡去，甚至加害對方嗎？」、「開始從事這個工作之後，會不會感應到什麼不一樣的東西？」這種關於超自然的提問層出不窮。

身為懷疑論者，我的回答是我從未體驗過超自然的事，不過我還想補充的是，「我可以看出即將成為凶宅的房子」。是具有陰陽眼，能夠看到在往生者家中到處亂竄的鬼嗎？怎麼可能！很遺憾沒能滿足各位的期待，但我想傳達的是偏鄉所面臨的現實，那些逐漸沒落的農家住宅與日益淒涼的未來。

無論隔壁住著誰，只要不給對方帶來不便，彼此互不干涉就是美德，這成為了生活在大城市考試院、套房、商務公寓等集合住宅的基本禮儀……獨自生活在城市裡，社會孤立問題是無可避免的結果，但這也是各自為了實際利益而選擇的道路。與農村所處的現實相比，或許沒那麼嚴重。現在鄉下人口與廣大的土地比起來，人口相對偏少，村子裡到了晚上就霧氣繚繞，人聲鼎沸的房子剩沒幾戶。「人口懸崖」這樣的形容詞在城市裡算是一種威脅，但在鄉村的懸崖峭壁早已坍塌，泥土堆積隆起成為一片墓地。或許連老鼠們都正為了生存而陸續準備進城。

某天，我接到委託清理的電話，去了一趟偏遠的山邊小村。農村道路蜿蜒曲折、錯綜複雜，還有比人高的玉米田，為了尋找隱藏在其中的低矮房屋，我跟著導航反反覆覆、毫無意義地徘徊，無奈之下只好下車問路。經過了十多間空屋，好不容易才終於有一、兩個老人打開門探出頭來，既沒問我為什麼要找那戶人家，也對那邊有人死了一個月才被發現的事隻字不提。或許是子女們感到羞愧，根本就沒想過要把葬禮的消息，告訴已經中斷往來很久的村中長輩們，而我也很害怕要是輕率地傳達了訃聞，會被聽到的長輩們以為我在暗示他們的未來，所以還是決定閉上嘴巴。

失去了孤零零在鄉下生活的父母，遺屬的委託非常簡單。

「以後不會有人住那裡了，一般物品還可以的就保留下來，把周圍比較難看的部分收拾清理一下。我們只有祭祀的時候才會去，那屋子就擱著吧，如果哪天有個強烈颱風之類的吹一吹，應該就可以去申報滅失[12]了。」

12 建築物的所有者或管理者對因災害而嚴重損毀的建築物申報其事實的行爲。

像這樣的事例在鄉村很常見。

收拾完往生者的家離開後，那棟房子很快就會成為廢宅，不久就會變成像凶宅一樣。一想到這些，心情就很沉重。在農業發展繁盛，景色優美的農村，即使是破舊的農家住宅也不必擔心，通常很快就能成交。相反的，偏遠地區的祖厝一旦在某一代子孫手中擱置，沒過多久就會開始出現斷垣殘壁，屋簷的一角也悄悄傾斜而下。其實建造堅固的城市公寓也一樣，若空著不再有人出入，過了半年，房子就會像不堪忍受崩潰一樣，電燈和供水設備等故障不斷。為什麼呢？如果曾停留過的人離開了，那麼照顧那個房子的家神，也會毫無留戀地轉身嗎？

偶爾會聽到想獲得神明附體的人，為了所謂的「學習」而躲進廢棄宅院中，在牆壁上隨心所欲地懸掛神佛畫像，擺列祭品打造成神壇。他們會在低矮的桌子上，灑些不知是雞血還是墨水的紅色液體，還有畫了潦草凌亂咒文的符紙，以及占卜用的米粒。如果看到像「鐃鈴」之類的巫術道具，且連鐵鈴鐺都脫落在地面上亂滾的話，那就毫無疑問是蹩腳巫婆[13]所為。等到他們離開後，無法忍受冬夜飢餓的野豬和獐子會從深山下來尋找食物，打碎廢宅的門，挖開地板，替原本就已岌岌可危的坍塌廢宅增添殺氣騰騰的氛圍，而凶宅誕生的一切視覺條件就是這樣完成的。

遙遠的偏鄉，孤零零在山坡下幽靜陰森的破屋，許久沒有人跡光顧。偶爾上山掃墓的人經過，還可能會因為太害怕而打著寒顫半途折返，凶宅的消息就樣被傳了出去。

13 意指尚未受到神靈附身或功力還很淺的巫婆。

然而，那房子其實與我們的家毫無二致，也是心臟炙熱跳動的人曾經做為根基的地方。如果我們鼓起勇氣邁步走進裡面，或許會在牆上掛著的相框裡發現證據。有穿著高雅韓服的父母被兄弟姊妹圍繞，並開懷大笑的全家福照片、褪色的獎狀、戴著學士帽一臉稚氣未脫的女兒、穿長袍戴紗帽的宗親長輩們表情嚴肅的黑白照片，還有第一次去部隊的懇親會，菜鳥大兵兒子尷尬地舉手敬禮的照片、難得單獨去旅行的老兩口，在海邊挽著手臂尷尬微笑的照片……

希望和挫折交互支撐著疲憊的生活，將孩子們都送進城市裡，老兩口就獨自在此度過無數歲月，伴隨著長久的思念。這些都是在這根基之地，共同經歷的歲月中享有的小確幸，那才是曾停留在此的人們真正的面貌。

只要能面對面，誤解就會不知不覺地消散。就算真的出現披頭散髮的女鬼，只要聽她道出令人遺憾和委屈的事由，即便是新上任的年輕郡守，也不會再害怕發抖。城市的孤獨和鄉村的寂寞只是距離甚遠，但內在沒有任何不同。如果我此刻在這裡感到孤獨，也會有人同時在某處覺得寂寞。

不管那裡是哪裡，不管你我是誰，如果能常常見面就好了，見了面一起度過如難治之症一般的孤獨歲月。我相信，就像在陽光照射下積雪會融化，如果彼此觸碰，孤獨感一定會消失。因為相遇的場合耀眼、明亮、溫暖，什麼惡鬼、凶宅也不會出現。

然而，那房子其實與我們的家毫無二致，
也是心臟炙熱跳動的人曾經做為根基的地方。
如果我們鼓起勇氣邁步走進裡面，
或許會在牆上掛著的相框裡發現證據。

救你？還是救我？

「壞傢伙」

手機液晶螢幕上出現短訊息。星期六下午六點，日落漸漸開始，但被密密麻麻的建築物遮擋，晚霞無法展示全貌。直到收到帶著埋怨的訊息，這才鬆了一口氣。真是好險啊，不管我是好傢伙還是壞傢伙，對方必須活著我才能收到這則訊息。

大概在五個小時前，接到她的第一通電話，從那通電話開始到現在，我坐立難安，這中間有兩名警察來找我，要我跟他們一起坐巡邏車去警局接受調查。我不過就是正好要回家但卻沒有回家的念頭，暫時在路邊停留，結果接下來這五個小時就發生了好多事。

「喂？」

帶著明顯慶尚道口音的抑揚頓挫，在嘈雜的停車場聽起來也很響亮。這位貌似年過四十的女性不等我回答，反覆說了兩遍「喂」。昨天我工作到午夜，很晚才起床，直到中午才吃第一頓飯，然後拿著家裡積了很久，裝著塑膠、紙箱、易開罐等回收垃圾的黑色袋子，剛走到一樓。平常忙著收拾別人的家，自己家裡的清潔工作卻不斷拖延。在將來有一天當我做不到，需要別人替我收拾之前，我還是必須自己來。放下袋子，我將手機從右手換到左手，再次回應。

「是，您請說。」

「我是在網路上看到關於您的事，有些問題想請教一下。」

「是，原來如此，請問是哪方面的問題呢？」

「上面寫說如果燒炭自殺會很痛苦，是真的嗎？」

突如其來，而且沒有禮貌。不是應該可以先自我介紹完再問嗎？又不是問今天天氣怎樣這種平常的問題，看來這是一通無關緊要的電話。偶爾會接到好奇心旺盛的十多歲孩子打電話來胡鬧，不分白天晚上，有時也會有未顯示號碼的來電。有的自己不想出面，就叫朋友幫忙打電話。還有我明明就只跟一個人通話，但卻感覺得到在電話另一頭，背後有智囊團之類的不停交換意見。這代表打電話的是年輕人，但做決定要等一旁的大人們討論後才行。還有打來希望我幫忙打廣告的電話。在我的工作中，花費時間最多的應該就是講電話吧。有時我不禁會想起在報紙廣告欄上看到的以分計價電話算命廣告，以分為單位來換算自我價值，真是歷經輝煌進化後最尖端的職業。

「抱歉這個我不清楚，因為我並沒有親自試過啊。」

像開玩笑一般先輕鬆回擊。如果只是出於好奇打來的電話，就用這招輕鬆擊退對方。但對方的沉默比想像中還長，我連忙補充一句。

「不過到那種現場，通常看到的都是痛苦死去的痕跡。」

對方依然沉默。

「……我買了木炭。買了三個。」

聲音聽起來在顫抖，突然聽到「呵」一聲短促的笑聲，接著傳來啜泣。我放下裝了回收垃圾的袋子，把手機緊貼在耳朵上。胸口彷彿有個金屬螺栓瞬間被擰緊，如果按順時針方向再收緊五釐米，胸口中心就會像氧化的鐵板一樣，粉碎得乾乾淨淨。

「真的會很痛苦嗎？真的會很痛嗎？」

不知不覺啜泣聲停止，對方問道。

她買了木炭和幾瓶燒酒，自行開車到山裡。喝了酒，在點火燒炭之前，一股衝動拿起手機上網，搜尋有關自殺的訊息，結果在我的部落格中看了一段，並照著最下面的諮詢電話打了過來。

她覺得活著一點意義也沒有，不知道為什麼要繼續活下去？為什麼所有事都那麼痛苦？難道就不能不要那麼痛苦，舒服地活著嗎？她丟出了無數疑問卻找不到答案，最後的結論就是不要再繼續活下去了。

故事越說越長，她的口齒逐漸含糊不清，是因為酒醉了吧。我意外地聽到了一個陌生人對我傾訴她的故事，就像沒有來得及看到寫有「小心頭部」的警告標語，就盲目爬上樓梯撞到頭一樣，感覺暈乎乎的。她現在是真的要尋死？還是在求救？

「那麼請你告訴我怎麼死才不會痛苦。」

「沒有那種方法。」

先說不知道。但這才發現我說的不是「我不知道」，而是「沒有那種方法」。其實我並不知道，但是不是因為不懂裝懂，才讓人覺得我應該知道些什麼。總之，我本能地判斷自己是想救她的，但就算我能說出不應該自殺的理由，仍無法說出我為什麼要阻止連名字都不知道的她選擇自殺。是因為生命可貴嗎？現在用公益廣告上那種正向的口號可以安撫她嗎？說不定我只是像別人一樣，不想遇到這種倒楣事，跟一個正要死去的人講電話。阻止自殺到底是為了她，還是為了我自己？我現在真正想要做的是救她，還是在罪惡感這個永遠的懲罰中拯救我自己呢？

不管怎樣得想想辦法，先把人救活再說，無論如何都要爭取時間。

「現在我的手機快要沒電了，電話可能隨時會中斷，我去換個電池請您等我一下好嗎？」

在聽到她的回覆前我立即將電話切斷。其實手機的電量非常足夠，但是很抱歉現在我不能將選擇權給妳，等待妳的回應。我在手機鍵盤上按下「一一九」，依照實際經驗，一一九救護隊的速度比警察快一點，現在這微小的速度差異比什麼都重要。就在電話鈴聲還在響的同時，我先收到了訊息。

為了緊急救助，一一九將查詢您的手機位置。

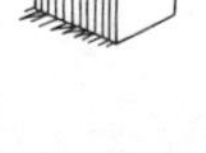

現在要查詢的不是我的位置，應該是在山中哭泣的她在哪裡才是啊！我好想這樣回覆訊息，但還是透過電話向救護員說明狀況，接到電話的人一時無法理解。也是，準備自殺的人怎麼會打電話給連名字都不知道的陌生人，詢問哪一種死法比較不痛苦呢？我盡可能以最快、最有效的方式向救護員證明我自己，說明我的職業以及在部落格上自殺的警語和她的處境，我又急又緊張，舌頭打結，嗓子也啞了。現在的我一點也顧不了什麼禮節，像隻極為激動、毛髮都豎起來的野獸拿著電話。在成功告知她的電話號碼後，救護隊員要我立刻向警方通報。

我按下「一一二」，警方果然也無法立刻理解，但是接受過緊急報案電話訓練的警察，似乎察覺到事態緊急。

「我們現在先派員警到您所在的位置。」

一聽這話，心裡繃緊的弦斷了，胸口沸騰，彷彿有什麼東西要湧上眼眶，一下子又埋入心裡。這個警察到底是怎麼聽的？現在要死的人不是我，而是在某個地方的她準備要自殺啊，這麼簡單的句子難道都不能理解嗎？

「現在您應該派員警去那個號碼、那個女士的所在位置，不是來我這裡啊！」

野獸兇猛地吼叫，我的尖牙利嘴都露出來了。

「我們還是會派人過去，請您不要掛斷電話在原地等候。巡邏車在附近很快就會到了。」

得到的回覆果然是冷冰冰又硬梆梆。

遠處警笛聲響起，巡邏車趕到了。在他們下車前，我先拿出我的名片和身分證站在駕駛座旁等候，再次向不明所以就匆忙趕來的派出所員警說明情況。總算面對面說話，對方很快就理解了。看起來大概二十多歲，個子很高的員警拿走我的手機，向警察本部再次說明情況，不過身為警察的他看起來也是說明得很費力。另一名五十多歲的警察，拿著我的身分證查驗身分。

「現在要請您幫忙。您說過會再回電給她吧？請盡量拖延時間，警方會同時用號碼來追蹤位置。」

年輕警察的表情變得不太一樣。好，現在我們在同一條船上了，雖然不知道那個女人在哪裡，但我們要一起救她。別問為什麼非救她不可，我就只是想救她。見到你之後心情真是輕鬆多了。

年輕警察在一旁，我又撥了電話給她，但電話無法接通，她正在通話中。是一一九救護隊嗎？還是警察？家人？又或者是另一個人正在告訴她沒有痛苦的自殺方式？

「喂？喂？」

電話終於通了，但是她沒有回答，接著傳來「嘟……嘟……」的聲音，電話斷了。絕望感襲來，鑲在我胸口的金屬螺栓又再往右拴得更緊。可是我不能現在就放棄。

「喂？」

電話被接起，但是沒有任何回答，我不假思索地又說了一次連我自己都沒想到的話：

「三塊木炭不夠，那樣只會覺得很痛苦但是死不了！」

「那要買幾個才行？」

我無從知曉要買多少，但聽到她的回答令人振奮。年輕警察挨近我的身邊，她的聲音聽起來感覺舌頭好像扭成一團了。

「請問妳木炭是在哪裡買的？」
「農協超市。」
「從妳現在的位置到農協超市要多久？」

即使是很細微的線索，但我想盡量掌握她所在的位置。

「不知道，十五分鐘吧？」
「是什麼地方的農協超市？妳現在可以開車嗎？」
「不知道……不過大叔，真的會很難受嗎？」
「老實說我並不知道，但是我看過好幾次燒炭自殺的現場。」
「怎麼樣？」
「地上常是痛苦爬行的痕跡。」

站在一旁的年輕警察打信號要我繼續跟她說話，盡量再拖延時間，他站在我旁邊附耳傾聽對話，同時也與別人通話，看起來似乎也心急如焚，頻頻揮手擦額頭的汗。

我決定告訴她我人生中不為人知的故事。聽她講了一大堆關於她的人生，我應該也有資格講我的故事。話還沒說出口，主題已經定好了，就是「即使這樣，我的人生也不順利」，要不然怎麼會去做清掃往生者的家這種工作，這樣的話她會不會暫時得到安慰？正當我心裡打著這樣的算盤時，電話突然斷了。我急忙又按了撥號鍵，但只聽到電話無法接通的語音訊息。雖然不斷反覆重撥，但始終只聽到一樣的語音訊息。

怕她隨時會打來，我的眼睛不敢離開手機螢幕。這時，年輕警察將他的手機遞給我，是抱川警察局要跟我通話。電話另一頭的聲音告訴我已鎖定她的所在位置，現在縮小搜索範圍，警察和救護隊員都前往尋找。這起事件現在已由我所在地的一山警察局，移交到她目前所在的管轄單位抱川警察局，但接下來抱川警察局又再次要求我進行全盤性的狀況說明。冗長煩躁的第四次陳述，最後我再次報上我的身分證字號和部落格網址後掛斷電話。五十多歲的警察過來，將他自己的手機遞給我，是一山警察局要跟我通話。

「如果方便的話，請現在到我們局裡來一趟。」

野獸已經失去戰鬥意志，不再咆哮。走過去警察局只要十分鐘左右的路程，但是年輕警察堅持要送我過去，並打開巡邏車後座的車門。大樓警衛站在遠處冷眼看我坐上巡邏車，話說我那裝有回收垃圾的袋子放到哪裡去了？

在未經允許的地方迴轉兩次後，巡邏車來到了警察局前。坐在巡邏車後座的我無法從內打開車門，這是為了押送嫌犯而設置的鎖定裝置。幫我打開車門的年輕警察迅速行個舉手禮後又上車了，短暫搭乘同一條船的人就這樣退場。

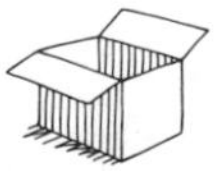

負責的警官坐在桌前向我招手示意我過去，但並沒有請我坐下的意思，我自己拉了旁邊的椅子坐在他面前。他的表情就像養護狀態中的水泥地一樣，但看不出來是完全凝固了，還是尚處於鬆軟狀態。

「為什麼要寫那種部落格？」

「什麼？」

「在網路部落格上可以寫關於自殺的事情嗎？」

是完全僵硬的臉。我沒有回答先遞了名片給他。他接下名片，在電腦上打字像查詢什麼，我拿出手機找出我部落格中她可能看到的那篇文章。現在我的手機真的快沒電了。

「我猜她應該是看了這篇文章才打電話給我的，您可以看一看。」

他先問了我的身分證字號，我把手機遞給他，他接過去用食指滑動畫面閱讀內容，一句話也沒說。

「內容都是教人不要自殺。文章裡說的是燒炭自殺並非如外傳的一般是沒有痛苦的自殺方式。」

「這是您自己寫的文章嗎？」

「是的。」

「看起來沒什麼問題，不過你把這篇文章的網址複製一下，用這名片上的號碼傳給我。等等再請你從頭仔細地說明一下情況，你是什麼時候接到的電話？說了些什麼？」

在開始第五次說明之前，我未徵得他的同意就走到飲水機前，把壓得扁平的紙杯打開成錐狀，連倒了好幾次水喝。從飲水機另一邊的窗櫺，可以看到空蕩蕩沒監禁任何人的拘留室。我們的人生有逃生出口嗎？今天我是不是妨礙了某個人想要嚴肅果敢進行的人生逃脫計畫呢？

走出一山警察局，我站在斑馬線前，打電話給抱川警察局，我只想知道找到她了沒？她還活著嗎？還好抱川警察局的負責人很親切，他告訴我目前已投入許多人力在搜索，如果找到了會告訴我。之後，他猶豫了一會，說了句「辛苦了」，我也慌慌張張地回覆「那就拜託了」。為了一個連名字都不知道的人，竟然還向不認識的員警請託，想到這裡我突然笑了出來，隨即又對自己笑出來這個反應感到尷尬。這一切好像一場夢。

「壞傢伙」

正當我坐在便利商店前的長椅上休息時，收到她傳來的訊息。

還活著。我一個字、一個字地看，這才大大地呼出一口氣。再深吸一口氣，心口感到一陣刺痛。因為活著，所以傳來這樣的訊息；因為活著，所以收到這樣的訊息。

不久，抱川警察局打電話來。

「先生，找到人了，找到了，現在正移動前往附近的派出所中。我們也聯絡上她的丈夫，現在正前往派出所會合。她丈夫稍晚會再撥電話給您。辛苦了，現在可以放心了。」

拿出手機又看了好幾次簡訊。壞傢伙，壞傢伙。是啊，說不定我真的是那樣的人，今天騙了妳，將妳看似完美的計畫給搞砸了。隨口胡謅自己也不清楚的事，利用公權力侵犯妳的自由。這樣的人被稱為壞傢伙是很理所當然的。

我要坦白一件事，我把妳的電話號碼存到我的手機裡了。這樣如果妳再打電話來，我一看就會知道。我不知道妳什麼時候會再打電話給我，也不知道那時是否會阻止妳，讓妳的計畫再度化為泡影。

拜託妳，希望有一天妳能原諒我阻止妳自殺這件事，因為那一刻我必須活下去，似乎只有救活妳，我才能繼續活下去。

我到現在還是沒有下船，我們依然在同一條船上，這點我會一直記得，很久很久。

阻止自殺到底是為了她，
還是為了我自己？
我現在真正想要做的是救她，
還是在罪惡感這個永遠的懲罰中
拯救我自己呢？

價格

就像在近海捕魚或在沿海從事養殖業的漁民一樣，我每天早上一睜開眼就看氣象預報，晚上也是。每天夜晚我都躺在床上想看看書，但總是堅持不到十分鐘，就得與垂下的眼皮展開搏鬥，同時也用手機確認隔天的天氣。除了每天的氣象，還必須關注一週天氣預報和全國各地的情況。清理因有人過世而長期閒置的房子，從裡頭將物品搬到貨車上送至廢棄物處理場時，絕對會想避開下雨天。我想同業們的想法都差不多吧。穿著被雨淋濕的衣服來回進出屋內，把地板弄濕不僅惹人厭煩，鄰居也一定會怨聲載道。被血和污染物弄得亂七八糟的垃圾，在陰雨天就算密封好幾層、噴上除臭劑也沒用，反而會感覺更難聞。死亡沒有預告，總是出現得令人措手不及。突然接到委託時，根據腦海中的天氣預測圖，適當安排作業日程才是這份工作的要領。

不過預報也有失準的時候。那日，與天氣預報不同，早上起床時並未下雨。拉開窗簾，天空中有昏暗低沉的雲朵，無法分辨是現在才要下雨，還是雨剛停歇，雲正要散去。放下窗簾打開客廳電燈時，電話突然響了起來，好像原本就在等這一刻似的。六點四十分，這個時間打來諮詢不是太晚就是太早。往生者家屬常在殯儀館守夜時打電話，大多都是午夜時分開始打來，不會超過凌晨兩點。

「我想詢問一下報價，沒想到您那麼快就接電話了。」

「是，您好，請問是什麼狀況？您儘管說沒有關係。」

中壯年男子的聲音，聽起來超過五十歲，但似乎還不到六十歲。聲音沉穩，就像將吊桶垂到深井裡提水一樣，聲音雖然遙遠，卻逐漸清晰。對方也許扎扎實實地熬了一個通宵。

「請問整理一個往生者的家大概需要多少錢？」

「不在醫院，是在家裡過世的嗎？」

「嗯。算是吧……」

算是吧。不情不願的回答。在世界上有很多可以用「算是吧」帶過的對話，但對於做我們這行的人來說，死亡並不適用那種有所保留、不冷不熱、模稜兩可的假設法。這行的工作是必須有人死了才能成立，在這樣的諷刺中生存是這個行業的宿命。

「好。那如果在家去世，請問是公寓、單間套房、社區型集合住宅……哪一種類型呢？」

「是住宅。」

先保持這樣的對話進行下去。

「大概幾坪的房子呢？」
「這個嘛，大概有三十坪左右吧。」
「那麼是三房、雙衛浴、有客廳和陽臺那樣的構造嗎？」
「衛浴只有一間。」
「請問在幾樓呢？這是為了評估將物品清出來時，需不需要使用到梯車才問的。」
「梯車？不是，我只是想問要多少錢啊！」
沉穩的聲音瞬間掀起了風浪。
與低沉的聲音不同，他的心情變得敏感而高漲，我只能根據對方情緒的高低，適當地安撫對方，並繼續確認一些資訊。如同前面橫著一根欄杆，有時要像跨欄比賽一樣跳得夠高不能碰到；有時又要像跳凌波舞一樣，放低身子慢慢從下方通過。身邊親近的人死了，心情如何能夠平靜呢？如果讓對方感覺像咄咄逼人的追問，很容易產生不滿，我除了沉著有耐心的應對之外別無他法，在不失親切的情況下，取得現場正確的資訊，這也是從事服務業的人尊重顧客的方式。

「雖然回答起來有點麻煩，不過根據廢棄物的量收費會有所不同，所以希望您盡可能詳細告知，對正確估價才有幫助。就像搬家公司在報價時也會先問櫃子有幾個、冰箱是幾公升、床有幾個等，是一樣的道理。」

「喔，說得也是。」

幸好對方認同了。就像越過一道高欄，他的聲音冷靜了下來，但這並不代表情緒也已冷卻。

「故人在家中幾天後才被發現的呢？」

我提出問題，但對方突然陷入沉默。

「喂？請問有聽到嗎？」

「啊，有。」

「警方未告知死亡推定時間也是常有的事。您是不是不知道呢？」

又再次迎來了沉默。我彷彿看到電話那一頭對方的不知所措，前方又架起了高欄。

「大概過了幾天？有沒有一個星期？」

電話那頭突然爆出「呵呵呵」的低沉笑聲，我漸漸開始懷疑對方的真正意圖。這個男人的回應有點蹊蹺，對具體情況一一省略，讓我只能茫然提問以尋求正確解答。難道他是在測試我嗎？就像連鎖店的總公司會派人喬裝成顧客到加盟店進行評估一樣。那麼，從聽到「算是死在家裡」的回答時，我是不是就應該懷疑了？

我也想過會不會是新成立的同行，為了打探現有其他公司的服務流程及估價方式，所以喬裝成顧客打電話來。如果一開始沒有好好估算總費用，即使工作順利完成也會造成自身損失，但要精確估算並不容易，因此坊間也有理論與實務並重、教人如何估價的清潔勞務學院。人工費用比重高、項目相對單純的普通清掃業都很難進行估價，那麼特殊清掃業又該如何是好？有些公司會很坦白地說明情況，直接來請教該如何處理；也有素不相識的人打來訴苦，要求我給他一點工作。這個男人又是哪一種？

「您希望我們什麼時候開始進行呢？」

我又丟出另一個問題。不管如何懷疑對方，我這邊絕對不能露出一點聲色，同時我也不能隨便為對方的真實意圖下定論，不越界也是尊重顧客的方式。

「什麼時候開始啊……好，我知道了。我會再跟您聯絡。」

我都還來不及回應，對方就急急忙忙地把電話掛斷，雖然他說知道了，但最後他還是沒有得到清理往生者的家到底要花多少錢這個答案。我和他只是彼此互相提問，但是都沒有得到答案。像這樣只留下疑惑，在不明朗的狀態下結束諮詢的情況並不多見。我有預感，他應該不會再打電話來了。

與氣象預報不同，從那天開始，連續兩週一直下雨，毛毛雨經常整天都沒有停過，只要太陽稍微探出頭，烏雲就會湧上來遮住天空。每天晝夜勤奮確認的預報屢屢失準，由於天氣關係，諮詢電話也變少了。電話太多會覺得累，但沒有電話更讓人感到擔心。這天整日都沒有一通電話打進來，直到晚上在健身房運動完，走進更衣室時電話響了。

「您好，這裡是麻浦警察局。」

「您好，有什麼事嗎？」

接到來自警察局的電話已是司空見慣。現在警察局也支援一些協助受害者的工作，有時會打來委託清理發生殺人案件、血肉模糊的命案現場。正好在工作很少的時候打來，老實說我心裡還有點慶幸。

「請問您認識金尚進先生嗎？」

「不認識。」

「金尚進先生的通聯資料裡，有與您這個電話號碼通話的紀錄。麻煩請先告訴我您的大名。」

意料之外的狀況，不是打來委託工作的電話。在我提供完名字、地址、身分證字號後，警方就結束了通話。接著，我立刻在手機的通聯紀錄裡，搜尋警方告訴我的電話號碼，是兩週前一大早打來講了十多分鐘、那個奇怪男子的電話。我再次確認通話日期與時間，然後又撥電話給警察。

「我和他曾經通過電話沒有錯。在六月十二日早上七點左右，大概講了十多分鐘。」

「您記得當時的通話內容嗎？確定是不認識的人對吧？」

「對。他打來問我家裡若有人過世，委託清理的話要怎麼估價。我是從事特殊清掃行業的人。」

「什麼？特殊清掃行業？他問您打掃的價格是嗎？」

「是的。因為那個時間通常不太會接到打來諮詢的電話，所以我記得很清楚。是不是有什麼問題呢？」

「今天他被發現意外死亡。我們查了他的通話紀錄，想確認在他死亡前最後通話的人。看起來好像是自殺，但是沒有發現遺書。除了那天他打電話給您之外，您們沒有其他聯繫嗎？有沒有見過面……」

「沒有，那天確實是第一次通電話。當時他有提到死亡什麼的，但又不肯說明詳細狀況，我也覺得很奇怪。您可以向電信公司調閱我當天的通話內容。」

警察說會再跟我聯絡，然後就掛上電話了。

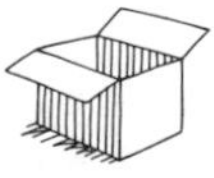

雖然運動完渾身都是汗水，但我並未像平常一樣在健身房淋浴，一身乾爽地再離開。我換好衣服立刻回家，一到家就在沙發上坐了很久，什麼想法也沒有。汗涼了身體就開始發抖，這時我才脫下衣服進入浴室的淋浴間。熱水從頭頂傾瀉而下，我把水龍頭轉到底，流出最熱的水，但那溫度並沒有傳到我的體內，反倒覺得胸口好像漸漸凍僵了。有一段時間，我靜靜地閉上眼睛淋著熱水，突然想起那個男人低沉的聲音。當被問到是否已在家中去世時，他笑著回答說「算是吧」；還有在我詢問「有沒有一星期？」時，他突然爆出的笑聲。那些讓人摸不著頭緒的態度和模稜兩可的回答、猶豫不決的理由，現在全都明朗了。在那通電話之前，誰都沒有死。

在決定自殺後，還擔心善後工作的男人；自己撥電話打聽死後清理價格的男人。這世界到底有什麼無血無淚的殘酷事由，將一個人推向窮途末路還不夠，還逼著他要預先擔負活著的人為死者留下的東西清理的代價？

比起像我這樣經歷過各種不美麗的場面，對凡事都已經不會動搖的無感之人，還不如找個溫暖、有人情味的人對話會更好吧？他最後打來的電話，想詢問打掃往生者的家需要花費多少，當時我提出的每一個問題，是否都成為刺向他心頭的尖銳錐子？傳達的每一個字，是不是都讓他感受到即將赴死的殘酷暗示？我只能感到抱歉、羞愧、抬不起頭。如果神存在，如果那個男人生前依靠和信任的神存在於某個地方，現在能不能將他召喚到懷裡，溫暖地擁抱他？

在浴室光著身子的我，想哭卻流不出一滴眼淚，只有無辜的蓮蓬頭始終如一地宣洩出熱水。

這世界到底有什麼無血無淚的殘酷事由，
將一個人推向窮途末路還不夠，
還逼著他要預先擔負
活著的人為死者留下的東西清理的代價？

望著鍋蓋的心

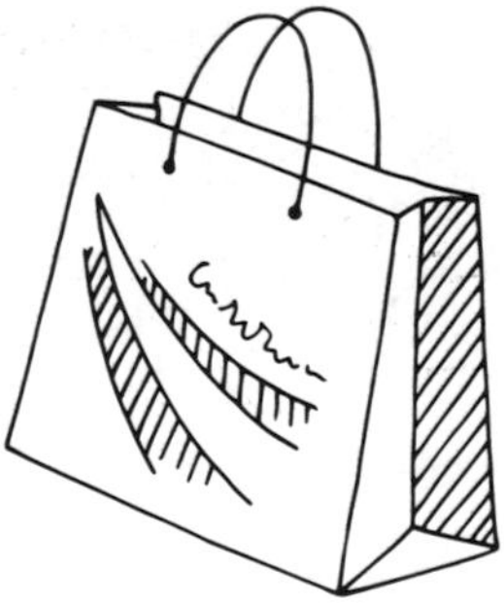

一大早出了家門，看到隔壁門前放了個袋子和紙盒，沒仔細看，但應該是住家附近商業區連鎖速食店送來的漢堡可樂套餐。

雖然未曾正式打過招呼，但在這裡幾年住下來，無意間也對鄰居有一些了解。她個子很高，讓人不禁猜想她年輕時會不會是籃球選手之類的。她養了兩隻會汪汪吠叫的狗，有個看起來像是女兒的年輕女性偶爾會出入家裡，或許是遺傳吧，那名年輕女性同樣也非常高䠷。她們一起待在家裡的時候，偶爾會聽到爭吵的聲音。還有一件事令我印象深刻：隔壁鄰居家門前幾乎每天都堆著各種宅配箱子，因為她總是過了午夜才回家，白天家裡只有小狗，沒有人可以簽收。

第二天早上出門時，又看到隔壁門前放著外送的漢堡可樂套餐。不過不曉得為什麼，沒有任何宅配箱子，只有和昨天一模一樣裝有漢堡的紙袋，以及裝了可樂的紙盒放在門前。

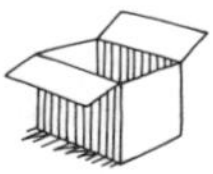

「每天都點漢堡……看來應該很忙吧，不過奇怪了，今天怎麼也沒看到有人送宅配過來？」

工作結束快傍晚時我才回到家，隔壁的門前依然放著漢堡套餐，同樣的位置，同樣的紙袋和紙盒。突然有種感覺，說不定是昨天送來的就那樣一直放到現在。

我坐在客廳沙發上聽音樂，猛然想起這幾天都沒聽到隔壁家的狗叫聲。上個週末嗎？似乎在過了午夜時分，聽到兩名女子扯著嗓門吵架的聲音，不過後來就沒什麼動靜了。想到這裡，緊張的不安感襲來。

她搬到我家隔壁是前年夏天的事。那時我想除了遠海上的幾個島嶼外，整個韓半島都被炎熱的氣候烘烤著。建築物走廊的盡頭，密密麻麻聚集的空調室外機「嗡嗡嗡嗡」的響，是一個低音合唱沒有停止過的夏天。前一個住戶搬走後，隔天內部似乎就開始進行裝潢工程，整整兩個星期從一大早到太陽下山為止，都一直聽到隔壁傳來「空匡空匡」、「嗟嗟嗟嗟」的聲音，稀釋劑和油漆的味道越過牆壁，滲透到我生活的空間。

話說我的工作也一樣會伴隨噪音，所以平時積累的職業罪惡感，不知不覺溶解成一種共同生活的雅量。不管鄰居半夜是在練男女混合巴西柔術還是射擊，只要天花板不塌、牆壁不倒，不會導致我必須躺在病床上接受慰問，我都不會怪罪鄰居太吵太過分。這種極似釋迦牟尼的平常心，有時連我自己都佩服自己。

「是啊，如果不能發出任何聲音，那就不能施工了啊。」

但鄰居家裡敲錘子的聲音，漸漸到了讓人想抗議的地步，似乎在看我的寬

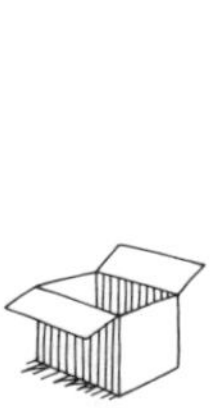

容和雅量可以成長到什麼地步。直到某一天，隔壁施工的噪音突然停止，呈現一片寂靜，大約一個星期過後，某天晚上開始聽到隔壁傳來狗叫聲，新鄰居正式入厝了。

有些狗會有依附障礙（attachment disorder），因為無法忍受主人不在家，所以只要主人出門就會一直叫，吠到主人回家為止。鄰居每天上午十一點十五分外出，過午夜十二點五分才回家，一分不差，非常準時。而鄰居家的狗也一樣，就像有沉醉於虔敬主義的父母、在嚴格的管教下成長的康德一樣，每天都很規律地吠叫。

整日處於耳膜鳴響的狗吠聲中，我的胸懷及雅量立刻停止成長，倒退回嬰兒搖搖晃晃的學步階段。而更雪上加霜的是，鄰居家的狗一吠，遠處的狗也跟著應和，把我夾在中間，互相交換不知是求愛還是爭吵的狗語。

「那些狗一天到晚不停地狂吠，我身為成熟民主社會的一員，這樣放任牠們是否妥當？要不要打電話向管理室抱怨一下？」

不過短短幾天的時間，我的神經急速衰弱。

這天傍晚，我早早就上床睡覺，因為第二天凌晨要摸黑出發去外地工作，為了應付開長途車，就算多睡個三十分鐘也好。但狗吠聲把我吵醒了，我在半夢半醒間，有一種現在養狗的不是鄰居而是我的錯覺。等清醒一點，躺著看了看手錶，不偏不倚正是午夜十二點五分，是芳鄰回家的時間。我滿肚子氣站在與隔壁相鄰的牆前，好不容易才忍住想大聲喝斥的怒氣。

就那樣過了幾個月，秋天來臨，隔壁的狗變得非常安靜，我想牠們也需要時間適應新環境吧。雖然偶爾還是會不分青紅皂白地吠叫，但不再有連叫好幾個小時的狀況。每天只在主人出門及回家時狂吠，好像是想讓主人知道自己鎮日守著屋子苦苦等待的委屈心情。

「是啊，那樣已經很好了，動物原本就有自己的本性，要是什麼聲音都發不出來那多可憐啊。」

原本以為已經停止成長的雅量，也在不知不覺間恢復，並再度高漲。就這樣過了一段模模糊糊不知是我養狗還是鄰居養狗的日子，後來，我對狗吠聲已經到了充耳不聞的境界。季節轉換，一年過了一年。

漢堡放在門前好幾天了。

最終我還是無法消除疑慮，決定開門直接去確認情況。

首先，我查看紙袋上貼著的小紙，那是連鎖速食店的發票和訂單，上面的日期都已經過了三天，很明顯東西送來後根本就沒有人動過。袋子裡早已失去溫度，變得軟塌的漢堡是一種預感，刺激我這個經常去往生者家拜訪的職業嗅覺。我腦中浮現無數次到往生者家時，第一眼目睹的門前情景，那些記憶集中形成一個強烈短促的警告，與在我面前這放置多日的漢堡相連。

「鄰居該不會自我了斷了吧？」

因為對人生悲觀，先殺掉孩子和妻子再自殺的家庭悲劇並不陌生，在無法放棄家族主義的韓國更是時有所聞。小狗側身躺著一動也不動的想像浮現在腦海裡，我不禁搖了搖頭。在我的記憶中，曾經遇過主人獨自離世，小狗在一旁徘徊，最後屋子裡留下無數沾了鮮血的腳印。那殷紅的腳印，我一輩子也忘不了。對芳鄰的擔憂就像一幅透著不安、色彩陰沉的水墨畫，在腦海中漸漸蔓延開來。

回到家中，家人見我一臉凝重，我也坦白吐露了對鄰居的擔心。

「也許是帶著狗狗一起去旅行了吧。最近不是很流行去附有泳池的寵物友善民宿度假嗎？」

這話似乎很有道理，於是我決定再觀察幾天，如果發現更具體的徵兆，就立即通知管理室，並向警方報案。不過，我現在也許應該先把名片給那個每次見面都會互開玩笑的警衛大叔，並公開我的職業，這樣才能表達事情的嚴重性，強調推理的說服力。

在那之後，每次出門或回家時，我都會特別留意鄰居家有沒有傳出什麼異味。身為守門員[14]之一，我有自信可以比誰都更早發現人死後腐爛的氣味。但是，我從來都沒有聞到任何異味，線索只有慢慢變乾的漢堡和寂靜而已。這個事實一方面讓人放心，卻也令人感到不安。

一天又過去了，夜色降臨，剛過午夜，四周非常寂靜。曾經責怪狗叫聲，對鄰居充滿憎惡的我現在反而討厭自己。我躺在床上，腦中充滿各種擔心和雜念，習慣性地隨手翻開書本閱讀，但像往常一樣，不到十分鐘就睡著了。

睡夢中，我在懸崖峭壁上掙扎了半天，最後雙手的力氣用盡。一鬆手，身體止不住地墜入一片漆黑又深不見底的溪谷。身體不疼，但背對的峭壁發出的聲音太吵了，我不禁捂住雙耳，就在這一剎那從夢中醒來。窗外天還未明，隱約傳來「汪！汪！汪！」的聲音，打破寂靜。

14 預先找出自殺或孤獨死風險對象，並幫助他們接受專業機構諮詢和治療的人。同時也可以指第一個發現孤獨死往生者的人。

「是狗！隔壁的女子還活著，她沒有死！」

我嚇得從床上坐起來，看了看手錶，凌晨五點半。雖然這個時間醒來對我而言太早，但我一點都不覺得生氣，內心還充滿了喜悅。清晨時分心情既興奮又澎湃，我是由衷地感到高興，更不自覺地發出「呵呵」，不知道是笑還是嘆息的聲音。

所謂一朝被蛇咬，十年怕草繩。向來在往生者的家走動的我，現在居然連生者的家門都沒有勇氣一探究竟。芳鄰說不定只是難得有假期帶寵物出遊，我卻如此擔心她和狗狗們的安危，自己一個人揪心不已……現在回頭想想還真是荒唐，庸人自擾。或許，這就是以遺物整理師為職業的人，不可避免的日常不安與心理陰影吧，就當作是個偶發事件。

聽說中暑的牛隻，光是看到月亮升起，也會不自覺地熱到喘不過氣，這就是我現在的寫照。不用焦急地緊按鍋蓋，鱉沒理由活生生地跳出來，鍋子裡除了供人類吃的食物之外，沒有其他東西。

容易想太多的人，若哪天莫名其妙感到憂愁，就「呼呼」把那天吹散吧。如果還是感到不安和擔心，那就像擰抹布一樣甩一甩，輕輕抖開。若你是一名聰明的清潔工，會知道如何用清掃和擦拭的技巧，來去除被恐懼和懷疑的雲層遮住的幸福。

現在天快亮了，我想拿起麥克風，透過連接到家家戶戶的揚聲器進行廣播：

「一二〇五號的住戶，真心歡迎您沒有帶著狗一起離去，活著回來了。」

打掃洗手間

如果到印度旅行，應該毫無意外都會經過在新德里站旁，名為巴哈甘吉區（Paharganj）的複雜小社區。尤其是初次到印度旅行的人，通常都會在這個社區裡度過第一夜。這裡不僅距離英迪拉甘地國際機場很近，更是可以通向印度大陸東西南北方的交通中心。換錢所、餐廳、商店櫛比鱗次，是世界上攬客最多、詐騙最多、扒手最活躍的地區。

我當時背包上面放了睡袋，下面搖搖晃晃地掛著涼鞋，依循「最低價優先主義」在印度全境旅行。到過印度南部，走過中部地區，我和同行者懷著也許能見到達賴喇嘛的不切實際的期待，為了去西藏流亡政府所在的北部地區，又再度來到巴哈甘吉區過夜。沒有選擇的餘地，我逕自走向一間叫做「Bright Guest House」，名字聽起來朝氣蓬勃的青年旅館。經過親自四處尋找的結果，這裡是離車站最近、最便宜的地方。要維持長時間的旅行，每一分錢都很寶貴，不敢奢求有淋浴設施的房間，看到這層唯一一間有傳統馬桶的房間空著，我就立刻付了錢。雖然曾試圖藉著再次入住的理由討價還價，但白天負責接待的 Mr. Sing 臉上帶著自信的微笑，摸著小鬍子說：「如果有比這裡更便宜的地方，儘管去吧。」

我們先打開窗戶，把黏在牆上的蜥蜴放出去，再把睡袋攤開，鋪在那張根本無法直接躺下的床上。天花板正中央發出沉重的轟鳴聲，隔著睡袋躺在床上，看著吊扇開始慢慢旋轉，想著若現在突然有一片扇葉掉下來砸向我也不奇怪。是啊，走一步算一步，如果韓國人在印度的青年旅館，被天花板吊扇脫落的扇葉砸死，這樣的事件應該會在外電上得到一點版面吧。我想起坐火車來的時候，從旁邊一位自稱是藥劑師的先生那裡，拿到了英文版的《印度新聞》，在報導裡看到有個日本人特地千里迢迢到印度瓦拉納西市自殺。

因為坐了很久的火車而疲累不已，睏意逐漸襲來，但在吊扇的旋轉下卻慢慢散發出惡臭味，我頓時睜開了眼睛，那是股熟悉卻總是敬謝不敏的氣味。是從進門左側牆面凹進去的小空間裡，那個地板黏著馬桶，所以勉強稱為洗手間的地方傳出來的味道。

與我同行的背包客拿出清潔粉，沾水弄濕，將洗碗用的綠色菜瓜布切下一小塊開始搓洗。連瓷磚都沒有的水泥地板和馬桶上的糞便，用沾水溶解的清潔粉擦拭很難消除氣味，而且歷來無數男性住宿客在如此狹窄的地方站著小便，想當然爾尿液會飛濺到牆上。濺到牆壁上是一回事，但恐怕更多的是濺到自己的小腿。這麼晚了如果到街上，會受到在小吃店周圍成群結隊的流浪狗熱烈歡迎，所以我們還是汗流浹背地把牆面和地板都擦乾淨，這才得以呼吸。

在充滿打掃記憶的人生中，最令我印象深刻的就是印度巴哈甘吉區的洗手間。那已經是十幾年前的事了，但那天在 Bright Guest House 打掃洗手間的回憶，就像古代壁畫一樣刻在我的記憶中無法抹去，或許是因為那天打掃完之後，感受到了無比的成就感和幸福感吧。

接下來是第二個古代壁畫的故事。

下初雪的那天早上，我接到了一通電話，委託我把四坪多的考試院單人房裡的垃圾清掉。委託人表示雖然從夏天開始就想搬家，但是因為垃圾和雜亂的生活用品越來越多，已經到了把門都堵住的程度，沒有整理完實在不敢離開。她希望可以在晚上七點前，也就是考試院管理員上班之前把所有東西都清空。另外，房裡馬桶堵塞的問題也需要一併解決，如果有困難可以找專門通馬桶的人來處理。

陌生人出現在考試院，其他住戶在走道上經過時多少都會瞄一眼，我不顧他們的注目禮，先費力推開委託人的房門，好不容易才進入房內。委託人說的一點都不誇張，裡面堆積的垃圾堵到門口，連房門都無法輕易打開。委託人特別叮囑的床，「因為是考試院內原本就有的家具，所以絕對不要扔掉」，現在被埋在垃圾山中，我連床角都看不到。先將所有垃圾和雜物分門別類，再放入麻袋或圾垃袋內，經過好一會兒床才終於露出來。打開床墊側面的拉鍊，掀開沾滿食物調味料的床包，垃圾整理才告一段落。但一想到這裡沒有電梯，我要把垃圾從五樓搬到一樓，短暫感到悠閒的心情再次變得茫然。

在與垃圾一起出發之前，還要檢查馬桶堵塞的狀態，為了判斷是可以自行解決還是需要找專人來處理，必須要掀開蓋子才行，就像打開被封印的潘多拉盒子一樣。馬桶下方與地板連接處壓了好幾層紙，早已乾巴巴的，得先在瓷磚地板噴上清潔劑，加水化開，再用金屬鑿了一一刮開。這馬桶應該很久沒用過了，委託人可以不用房內洗手間順利度過考試院生活，應該是因為考試院另外設有公共衛浴及洗衣間。或許是嗅覺已經適應了堆滿披薩碎片和炸雞骨頭等食物垃圾的房間，感覺馬桶周圍並沒有什麼異味，所以我毫不猶豫輕輕鬆鬆地就把馬桶蓋掀開。

本能反應的燈瞬間亮起，我立刻以光速將蓋子放回去。剛才我到底看到什麼？裡面不是一般的堵塞程度，而是用糞便等垃圾堆成的山啊。以剛才乍看之下不方不圓的金字塔模樣來推測，應該是在糞便和衛生紙已經堵塞的情況下，只能在上面包覆再包覆，久而久之就完全凝固了。該說幸運嗎？因為時間已經過了很久，氣味在到達頂點之後又經過半衰期，反而變得微乎其微。

即使找來通馬桶達人的祖先，應該也會在這個嚴重堵塞的馬桶前搖頭、後退三步吧。最終必須解決的人，還是一開始打開潘多拉盒子，做出魯莽行為的人。無奈之下，我只好改戴防毒面罩，蹲在馬桶前，用戴著橡膠手套的雙手將糞便挖起來裝進袋子裡。真可惜，世界上還未發明掏馬桶內堵塞糞便的工具，如果有人可以開發，我一定第一個參與集資……

清除了在上面硬掉的糞便，下面出現的是黏稠泥狀的糞便。我把糞便裝在袋子裡，套了兩層袋子再捆起來，擔心會爆開，又再加一層袋子包得密密實實的。不知到底重複了幾次，因為怕糞便濺出來而緊張地蹲著，腰就像要折斷了一樣，彎曲很久的腳掌彷彿著火般熱燙燙的。外面街道上堆滿了今年的第一場雪，但我汗流浹背，防毒面罩內口鼻周圍全都是汗水，呼吸時會發出像踩到泥濘般的聲音。

過了三十分鐘嗎？我不斷地從馬桶裡掏出糞便、放進袋子、打包，動作沒有停過，最後終於把馬桶掏空了。心情一下子變得輕鬆許多，我終於做到了。摘掉防毒面罩，忍不住「呵呵」笑了出來。髒東西早已從意識中消失。

接著，我拿出事先準備好的黑色橡膠高壓疏通器，緊貼在馬桶底部用力捅了一下，剛開始捅了好幾次都沒動靜，直到馬桶下面的某個地方發出咕嚕嚕的聲音，水才嘩啦啦地往下沖。我放下疏通器，高舉雙手：「萬歲！」在與馬桶搏鬥之後，這裡有一個人活下來了。我可以和誰一起分享這激動人心的成就感和幸福呢？

回想起來，我刷過很多馬桶。馬桶裡通常都充滿了又髒又臭又可怕的東西，糞便屎尿是正常的，還有喝了酒塞滿嘔吐物的馬桶；在久病離世的往生者家中，會看到因咳血而積滿血水的便器。如果這世上有一種無怨無悔、寬容地接受任何骯髒、難堪的存在，那就是馬桶。我不會放棄這個理念的。

打掃完洗手間，噴上陶瓷用拋光劑，將馬桶和洗臉台擦得雪白耀眼，足以稱得上是天使長加百列（Gabriel）的牙齒，我的心裡感到非常滿足。骯髒或不快會消失得無影無蹤，在那裡，只留下純真的幸福。

也許受盡凌辱苦楚的人心，也像骯髒的洗手間一樣，在清掃過後會變得更

寬容明亮。如果平時受憂鬱感折磨，想尋找單純幸福的方法，我想最好的方法就是清掃洗手間，而且那個洗手間越髒、越可怕越好。

心情一下子變得輕鬆許多，
我終於做到了。
摘掉防毒面罩，
忍不住「呵呵」笑了出來。
髒東西早已從意識中消失。

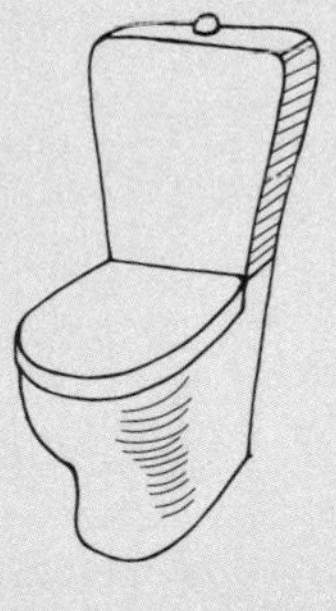

如紙鈔般鐵青的臉龐

抵達犯罪現場的人大都表情僵硬。被害者的家人和朋友們、警察廳的聽證監查室行政警察、轄區警察、鑑識人員、管理室職員和警衛等……在同一天聚集到同一個場所的所有人，表情都一樣陰沉、淒涼。像我們這些為了清理血漬痕跡而到場的清潔人員，在前往現場的途中，或許都在車裡天南地北地閒聊，臉上表情柔和開朗，但當我們雙手提著裝備越過警戒線的瞬間，臉部表情就會像用不飽和脂肪酸的動物油炸過一樣僵硬。

現場的血變黑凝固，就像雷陣雨過後路旁的水坑一樣，呈現長長的橢圓形。四面牆壁上濺滿了血滴，室內空氣也截然不同。與因為孤獨死而長期閒置的地方相比，雖然沒有什麼難聞的氣味，但就像不成文的規定一樣，不管是誰一進入犯罪現場，都會對透著狠毒殘酷的空氣保持沉默。血淋淋慘不忍睹的現場，對任何人都是公平的，沒有慈悲。

一般透過新聞報導了解案件或事故的普通市民可能不太清楚，為了保護因犯罪而受到不當傷害的人，流血傷害案件的現場通常會提供特殊清潔支援。

過去主要由各地方檢察廳所屬的犯罪受害者支援中心負責，現在則由警察廳人權保護專員主管，全國各地的警察局參與執行。自大韓民國建國以來，檢察機關和警察機關一直在從屬關係中拉鋸，不相上下。現在隨著時代氛圍的變化，在人權服務方面也互不相讓。但對我們清潔人員來說，不管是哪個單位委託的，都沒有理由說三道四，也不能偏袒哪一方。記得有一次，我到某地方警察廳的聽證監查室，當時負責案件的警官曾試探性地問我：「最近檢方有沒有什麼特別的事？」我只能答非所問，敷衍帶過。

「我們啊，不管在什麼地方都只是默默地做好自己的工作罷了。」

委託者不管是警察還是檢察官，無論是信奉上帝還是供奉佛祖，我們都只是為了在現場清除一個個小小的血跡，把不知何時會被想起的噩夢種子清除掉罷了。不留下任何瑣碎的痕跡，進行完美的清掃，這就是我們這種從事特殊清潔的人最自豪的事。

湊巧的是，被委託的犯罪現場，大部分都是與金錢有關的殺人和傷害致死案件，偶爾也會接到清理性犯罪或約會暴力犯罪現場的委託。由檢方和警方協助接洽，我們提供一般人無法處理的殘酷現場清掃服務。在現場趴在地板上刮掉鮮血凝固後變得黑黝黝的痕跡時，總會讓人不自覺地想：「除了金錢，大概沒有別的東西會將人的感情完全推翻、動搖、瓦解啊！」也許錢在電腦、計算機上只是個數字，在現實生活中只是切成一定大小的薄紙片，但它就像能逼迫人坦白的惡符咒一樣，在它面前，無數人跪倒在地，毫不掩飾自己低劣的真心。

我負責打掃過的現場，很多是因為錢的問題，與配偶或直系親屬發生衝突、爭吵而釀成不幸的案件。殺害親屬的案件通常會成為社會焦點，更不能輕忽人權服務的援助。而越是那類案件的現場，就越需要我們。

弟弟刺死哥哥、丈夫掐死妻子、丈夫打死了妻子的姐姐。雖然因珍貴的緣分而成為家人，但一旦牽涉到金錢，家人也會變成仇人。因為要錢而殺人、因為沒錢被看不起而殺人、因為借錢不還而殺人。

悲觀主義哲學家叔本華（Arthur Schopenhauer），連一向為自己刮鬍子的理髮師也不信任，懷疑某天他會拿剃刀劃了自己的喉嚨。如果他看到那樣的現場，肯定會獲得更多自信，「看吧，這世界就是如此無情，一點希望都沒有」。在那種現場，受害者家屬往往就是加害者的家屬，因此在現場最好不要說出任何安慰的話語。我們除了詢問打掃範圍以外，多半都保持沉默，集中精力工作。

今天因為各種理由來到犯罪現場，帶著嚴肅表情、保持沉默的人們，離開這裡各自回家，和家人一起吃完晚飯，拖著疲憊的身軀躺在床上時，會是什麼樣的表情呢？如果夢神摩耳甫斯（Morpheus）[15]能出現，希望他能像媽媽一樣，在夢裡俯視著我們的臉說「哎喲，忘掉惡夢吧」，整夜哼著搖籃曲，輕撫我們的頭髮。

「若說我從上帝那裡得到什麼恩寵的話，那就是忘卻。從告解室出來的瞬間，我能輕易忘記教友們傾訴的那些困難、悔恨和心煩意亂的故事。有些神父沒能做到這一點，會因為壓力而痛苦不堪。我希望無論何時都可以不帶偏見，和前來告解的教友們再次見面。」

一名為了度過安息年的神父，搬到山裡住在用石牆圍起來的屋子，他在為訪客送上手沖咖啡時說了這段話。神將「忘卻」做為恩寵賜予人，當時我不

15 希臘神話中出現的夢之神，他的兄弟佛貝托爾和芳塔索斯以動物或事物的形象出現在夢裡，而摩耳甫斯能以長相、聲音、走路、習慣都一模一樣的人類形象出現在夢裡。

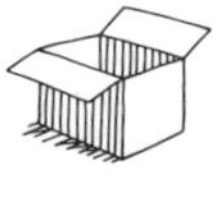

太理解為什麼是恩寵。後來，輾轉全國各地見到許多因錢而破碎的家庭，我想比起像萬元紙鈔上有著鐵青臉龐的神，我更願意追隨能忘卻一切的神。

希望恩寵今晚也能來到我們身邊。比起面無表情的冷漠，囉囉嗦嗦、會一陣青一陣紅的臉龐更為溫暖親切。祈禱大家有些事也能忘卻。

今天因為各種理由來到犯罪現場，
帶著嚴肅表情、保持沉默的人們，
離開這裡各自回家，和家人一起吃完晚飯，
拖著疲憊的身軀躺在床上時，會是什麼樣的表情呢？

Homo faber

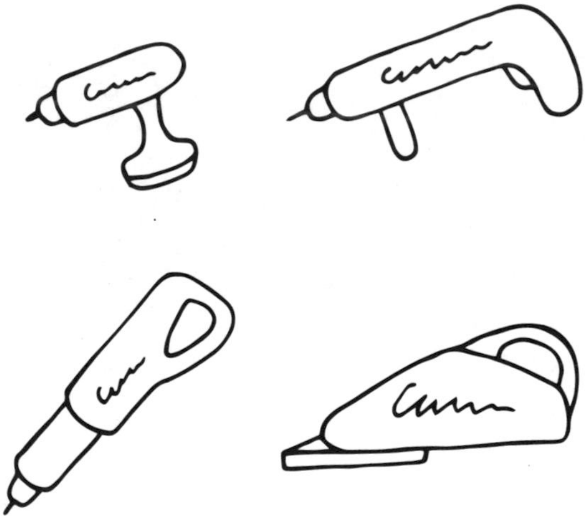

自殺這件事其實很諷刺，因為如果沒有某種幫助，人是很難殺死自己的。無論是毒物還是繩子，只有利用某種工具人才能死亡。即使光著身子從高處墜落，也必須借助重力這項物理法則，並具備可以給自己身體帶來實質性衝擊破壞的地板輔助才行。從漢江上的橋往下跳的理由，則是自己在將身體拋出去的瞬間，深邃的江水可以幫忙摒住呼吸。

如果用自己的雙手掐住脖子，在氣管斷裂之前，會感到疲勞或意識模糊，一定會停止動作。有聽過憑自己的意志停止呼吸，然後成功死去的事嗎？或是對自己揮拳頭把自己打死的人呢？這類魯莽的嘗試，往往只會成為滑稽鬧劇的一個場面。總之，人類從一開始就並非為了能輕易殺死自己而誕生。

最終，人類超越了對自殺工具或輔助物的執著，甚至親自出面尋找幫助自己死亡的人。這應該說是人類生命共同體意識的進化，還是退化？

所謂的安樂死，終歸也是因為無法靠自己的力量，所以委託醫療人員之類的第三者殺死自己。雖然在韓國對於「中斷維持生命的延命醫療」，逐漸傾向允許的方向修改法律，但對於積極性的助力自殺，「受囑託和承諾殺人的相關刑法」[16]依然嚴格禁止。荷蘭、瑞士、加拿大等國家從很早之前就制定了各種規範和條件，將安樂死合法化。美國俄勒岡州從一九九七年開始允許安樂死，據問卷調查結果顯示，約百分之七十的美國人贊成「自我選擇」的助力自殺。在允許安樂死之前，社會學家們曾擔心，在公共保險基礎設施中被冷落的高齡經濟弱勢者會集結，但實際上反而是具有經濟能力的高學歷者蜂擁而至。一個人生活很難，一個人要死也很難，這就是我們的人生。C'est la vie！[17]

我經常出入自殺現場，目睹奪命的手段仍然留在現場的情景。解開掛在陽臺、天花板或天然氣管上的曬衣繩，將野營用簡易火爐上堆積如山的木炭灰燼抖落，那都是我必須做的工作。從窗戶縫隙看到不斷晃動的斷繩，難以言喻的悲憫就會湧上心頭。當看到點燃後產生毒氣，奪走人命的灰燼輕輕落在垃圾袋裡時，原本對往生者做出極端選擇感到不滿甚至想究責的傲慢，就會不知不覺地散去。我連往生者的真心都不了解，還有什麼資格批判呢？

往返過眾多自殺現場，令人驚訝的是往生者的職業和自殺工具時有密切關聯。與其尋找陌生的物件，不如用自己熟悉的、與日常生活相關的器材做為自殺道具，這似乎相當符合邏輯；但另一方面，他們在維持生計時得一再忍耐，在工作過程中恐怕會不時陷入想死的衝動。我的心不知不覺下沉，變得灰暗。

一名男子將連接個人電腦和數據機的乙太電纜線，也就是我們俗稱的「網路線」繞成環狀，然後在所住套房的牆上釘了十多根釘子後上吊自殺。清理時我在他的抽屜裡發現了透明塑膠盒，裡頭裝滿了印有「IT工程師」職稱的名片。

16 韓國刑法第二五二條（受囑託、得承諾殺人等）：①受人囑託或得承諾殺害該人者，處一年以上、十年以下有期徒刑。②教唆或幫助他人自殺者與前項刑責相同。

17 原為法文，意思是「這就是人生」（That's life），英國前衛搖滾樂團 Emerson, Lake & Palmer 以同名歌曲而舉世聞名。

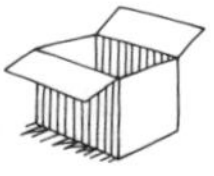

在會議室發現的一名男子屍體，他在手臂上注射自己公司向國高中科學教室與企業研究室供應的實驗用藥品，吐出大量鮮血，最終死亡。許多職員像在靈堂裡等候弔唁的客人一樣，當我們在裡頭擦拭血跡、清除血痕時，他們一直站在會議室門外，想著死去的社長，流下眼淚。我們能傳達的安慰只有找出一次性注射器、空藥瓶、非常微小的血滴等，那些會讓人聯想到死亡的細節，並將其清理得無影無蹤。

恐怕沒有一個農村老人會不知道「葛洛酮」（Gramoxone）暗示什麼。從秋收結束到隔年二月播種前的農閒期間，葛洛酮是最容易缺貨的除草劑。在農漁村裡，這個時期最常見的自殺手段就是吞下葛洛酮。根據統計，曾一度每年有超過二千人喝這種劇毒農藥自殺。[18]

後來，廠商推出名為「葛洛酮 intion」的產品，添加了凝固劑和嘔吐誘發劑，讓毒藥在擴散至全身之前於胃腸停止，喝下後的幾分鐘內就會嘔吐。但韓國農村振興廳依舊發揮了公權力，最終全面禁止主要成分為「巴拉刈」

（Paraquat）[19]的藥劑進行註冊登記。如果有人堅持追求高效率的除草成效，不理會當局回收及廢棄的命令，而在自己的倉庫裡偷偷囤積的話，或許可以合理懷疑他是想要用來自殺也說不定。

職業使然，出入往生者的家就像家常便飯，但每當看到那些用於自殺的工具時，我平靜的心就會瞬間掀起波瀾。如果進一步發現與往生者的職業有關，

18 崔英哲（音譯，최영철），〈韓國的農藥自殺：農藥自殺的人口社會學及經濟特性研究〉（한국의 농약자살: 농약자살의 인구사회학적 및 경제적 특성에 관한 연구），高麗大學，二〇一三年，第二十五頁。

19 巴拉刈（Paraquat dichloride）：用於除草劑、殺蟲劑的劇毒化學物質，是許多農藥的主要成分。如果注射到人體內，會使腎臟、肺臟等器官纖維化而急速死亡。韓國自二〇一二年起全面禁止使用。過去在農耕栽培較多的東亞地區，巴拉刈是被廣泛利用的自殺手段。

心情更是無法平靜，矛盾的情感不斷湧上來。因為那些自殺工具是往生者一路以來的日常生活、維持生計的手段，也是揭示其死亡過程的直接證據。

法國哲學家亨利・柏格森（Henri Bergson）認為人類的特徵是知性，他主張透過磨練技術、製造工具來使用的「homo faber」（工匠人）智慧引導人類走向成功。然而，他同時也認為知性是引導人類社會走向解體的最大危險因素。對於晚年的柏格森來說，找出克服矛盾的方法是他最大的哲學課題。拯救人類的是知性，毀滅人類的也是知性——與在世時的謀生手段一瞬間淪為死亡工具的自殺現場一脈相承。

具有「知性」這個特徵的人類，同時也選擇了「知性」做為自殺道具，真是殘酷的諷刺。然而，諷刺的本質或許就是人類生死的本質。就像硬幣的一體兩面，人的生與死只是背對背，最終還是一體，除去其中之一人類就不成立。從出生的瞬間開始，我們就走向死亡，這就是我們的人生、人類存在的諷刺。

C'est la vie!

硬幣已經投擲出去了。

渺小夜晚的鋼琴演奏

這份工作是我的宿命，突然覺得自己活得很辛苦。某個夏夜，我嚼著醬油石蟹硬梆梆的蟹腿，突然決定要學鋼琴。

沙塵暴覆蓋天空超過一個月，持續出現異常的高溫。在這種情況下，獨自死去的人殘留在屋內的氣味，讓活著的人們無法忍受，爭相吶喊抗議，房東和遺屬們急切尋求幫助，把我們呼喚到城市各處。工作比較少的冬天會擔心生計，但是在業務集中的夏天，卻也是一段在荊棘上的旅程。舌苔增厚、嘴角撕裂，關節和肌肉就像不屬於我一樣，各自轉來扭去，咯咯作響。特別是身體中最瘦小的手指，每個關節都發麻、刺痛。就算把各種維他命、抗生素、消炎劑、提神劑混在一起喝，也只是給已經枯萎的花換水罷了。

那天的工作也花了很長時間，吃晚飯時我突然有了學鋼琴的想法，就像在宣紙上灑了一滴墨水般，迅速地在我心中暈開。雖然很生疏，但只要能親手敲擊鋼琴鍵盤，發出和諧、美妙的聲音，彷彿就能從所有的疲勞和痛苦中擺脫，心靈可以得到平靜。即便是完全找不到關聯的即興想法，然而一旦產生期待，鋼琴就彷彿化身為我唯一的出口，漸漸抓住了我的心。

我在網路上找到在住家附近教鋼琴的作曲家，在她的建議下買了二手的數位鋼琴，並訂購了耳機，這樣我可以在晚上練習時用。另外，還找到了像《哈農鋼琴教本》之類的入門教材和樂譜集。

接著，每天都能看到一名體力勞動者，用粗糙、浮出青筋的手指按下鋼琴上潔白琴鍵的違和畫面。有時一天練習不到十分鐘，有時又可以從傍晚的新聞時間開始狂練到午夜時分。空閒的週末我也盡情地待在鋼琴前。

「你比我教的實用音樂系本科生還要認真呢。」

雖然實力未如預期般那麼容易進步，但是年輕作曲家老師這幾年總是親切又耐心地鼓勵我。

我的第一首鋼琴練習曲，是金素月詩人的詩配上悲傷旋律的童謠《媽媽啊，姐姐啊》（엄마야 누나야）。不知為何，長大後對這首童謠更加著迷。記得入伍時結束新兵訓練，被分發到某陸軍補給戰備連，這首歌我在站哨時唱過無數次。

媽媽呀姐姐呀　在江邊生活吧
院子裡發亮的是金沙之光
後門外是落葉之歌
媽媽呀姐姐呀　在江邊生活吧

「媽媽呀姐姐呀　在江邊生活吧」，每當唱完這最後一段時，我就會感到心痛。在江邊燦爛的陽光下，沙灘閃耀著光芒，茂密的蘆葦順著風吹的方向彎下腰，那未知的江畔，少年真的想去那裡嗎？如果現在可以離開這裡，只要不是在這裡，到世界上任何地方應該都會比在這裡好吧？

收攏在鍵盤上的左手，按照華爾茲節奏「咚恰恰」的節拍，用右手跟著思念的旋律走。昔日站哨時度過的無數漫長夜晚，那股寂靜籠罩著我，彷彿能感受到為了阻擋濕氣而摺疊塞在鋼盔裡的報紙味道。當時只想盡快擺脫束縛，去另一個我真正應該存在的地方。也許那就是我為什麼每天晚上都在哨所鐵梯下徘徊，哼唱這首歌的原因。

約翰．藍儂（John Winston Ono Lennon）的《Oh my love》是我用鋼琴挑戰的第一首流行歌曲。坐在以時計費租用的鋼琴前，交替看著樂譜和手指，一個音節、一個音節地按琴鍵，模糊的記憶中突然想起了那天父親的臉龐。

在漢南大橋上，交通堵塞的行列中，我拉起手剎車，前面的車子看起來沒有繼續前進的跡象。我無奈地打開收音機，正好哥哥打電話來。早上七點上班時間，要開玩笑說某人死了還太早的時間。我接起哥哥的電話，他激動的聲音與平時不同，我好一段時間無法感受到父親去世的事實。

在將屍體送進火葬爐之前，見到父親最後一面，那是難以置信的陌生臉孔。因為跌落在家門口的溝渠裡，父親泡了水渾身浮腫，臉腫得像是快要破了一樣。眼皮、額頭、臉頰嚴重腫脹，已不是正常大小。火葬場遺屬休息室牆上的顯示器畫面，父親的名字前面加了個「故」字，名字後面是紅色的「火葬中」，我始終無法揮去心中的懷疑，遲遲無法相信自己看到的陌生面孔是父親的臉。

I see the wind, Oh, I see the trees,
Everything is clear in my heart.
（我看到風了，哦，我看到了樹木，
一切都清楚在我心中。）

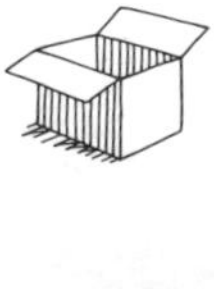

我記憶中的父親是個難以理解的人，一個人怎麼可以極端地生氣呢？為什麼一生氣就爆發，不找個對象發洩就無法平息？像一顆不知什麼時候會爆炸的強力炸彈，沒有人想握在手裡。父親的頭髮總是剪得很短，就像運動員一樣，他個子很矮，但身材非常結實。無論是誰都很難與父親相處，我好像從沒見過他有什麼朋友，所以我一直都很同情母親的溫情，因為她是唯一一個願意用手抖落炸彈上的泥土，用清水沖洗，然後將它抱在胸前的人。觸摸那顆炸彈的人生，必然充滿了痛苦和創傷。

I see the clouds, Oh I see the sky,
Everything is clear in our world.
（我看到雲了，哦，我看到了天空，
一切都清楚在我們的世界。）

我敲擊著琴鍵，再次彈奏當年在漢南大橋上，汽車收音機裡播放的歌曲。在緩慢的旋律中，一切依然清晰。小時候不知有多麼討厭父親。不想待在這裡，只要沒有你哪裡都好。我為了去別的地方，不知計劃了多少、努力了多少、又拋棄了多少……

「即便如此，現在只要想開心的事就好了。」

母親偶爾會離開由哥哥打理的家，然後過來找我，並且突然提起對父親的回憶。雖然不喜歡聽，但我又如何能責怪她想念那個只留下空蕩的過去，就赫然離開的人的心情呢？

父親去世幾年後，母親變得更加虛弱。舊疾復發，她離開有孫女們在一旁喋喋不休的家，來到了寂寞的病房。母親將回憶當作蠟燭，微弱的燭光勉強支撐的生活，因為突然吹來的風而意外熄滅了。在焚燒丈夫的火葬場，被火焰燒掉肉身的每一個人都沒有差別。母親也只留下一把骨灰就離開了。

黑夜不請自來，就像誰也無法迴避天亮後的早晨。黑暗在我活著的時候，每天都會毫不猶豫地在晚上來找我。那是大自然的規律。有時會厭倦大自然的無心，但有時又會因那份不變而感到安心。當那般莊嚴、公平、無私的夜晚來臨時，所有的想法都將變得渺小且毫無意義。

「儘管如此，父親還是經常想起你。」

母親突然脫口而出的話讓我無法做出任何回應。剛開始想起那句話時，我每次都會莫名地生氣，但在某個陰天裡，似乎也能逐漸理解了。

再一次把椅子拉到鋼琴前。白鍵和黑鍵如同我明亮又黑暗的記憶，綿長地展開。只彈了一小節，沉思良久。又接連再彈兩三節就停住，陷入新的思緒中。手指敲擊的是琴鍵，還是我的記憶？這樣零零落落的音符，稱之為音樂似乎有點難為情，只是段漫長又斷斷續續的旋律。或許，這是在因微不足道又愚蠢的想法而變得渺小的夜晚，只屬於我的鋼琴演奏吧。

I feel the sorrow, Oh I feel dreams;
Everything is clear in my heart.
（我感受到悲傷，哦，我感受到夢想，
一切都清楚在我心中。）

有時還是會想起父親。在度過辛苦的一天，疲憊的晚上，清晰地浮現在眼前。有時父親冷冰冰地緊閉雙唇一句話也不說，在我面前止不住地掉淚，他的臉變瘦了；有時他不分青紅皂白地就發脾氣大聲咆哮；有時則是用他厚重短小的手，握著躺在病床上的母親枯瘦的手祈禱。

我的感情像鋼琴鍵盤一樣，充滿了明亮、陰暗、喜悅和惆悵。我何時能像母親一樣，只想起父親的美好回憶？是不是就像自然規律一樣，即便不請自來，但終究會到來？像這夜晚的莊嚴一樣，所有渺小的東西都消失，只有愛的記憶守護我的那天，真的會到來嗎？

當那般莊嚴、公平、無私的
夜晚來臨時，
所有的想法都將變得
渺小且毫無意義。

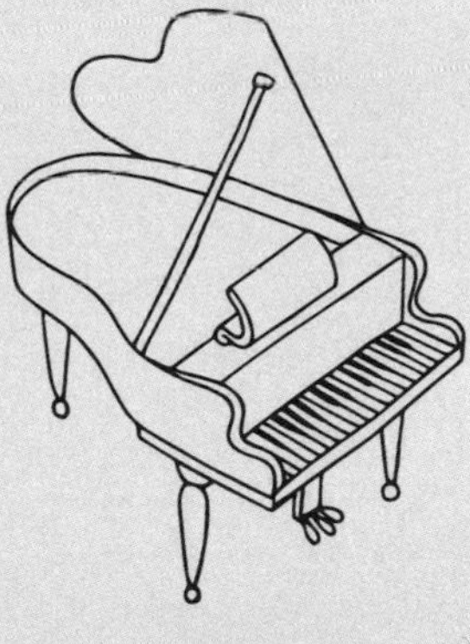

後記

水龍頭的存在是為了幫某人洗漱，但它無法清洗自己。只要是往生者的家，不管是誰，無論在哪裡，一旦接受委託我就必須好好清理，因為那是我的工作。但有天當我死了，我無法自行清理，這一點倒是和水龍頭很像。這是某天在某個往生者停止呼吸許久後才被發現的洗手間裡，擦拭水龍頭上的污漬時產生的想法。沒有別人的幫助，我們都無法活下去。

人類存在的諷刺，是我們總背負著死亡而活。凡是有生命的存在，都必然會面臨死亡，誰也沒有例外。生與死就像硬幣的兩面，只有單面是不成立的。

也許我們一直以來只關注「生」，因為這是在我們面前展開的方向，從來就沒有機會看看背後。即使偶爾會因為蟲子叮咬、陽光曝曬而感到背後刺痛，但是為了向前趕路，我們不會刻意回頭望。若是不經意地瞄一眼後方，那緊靠在自己背上危險、可怕的東西，會不會不知不覺地跳出來擋住去路，讓我們立刻停下腳步呢？恐懼使我們的視野變窄，催促我們向前跑快一點，不要回頭看。

一直以來，我們的社會對死敬而遠之、嚴肅以待，認為把「死亡」拿出來討論是無禮的，所以或許這本書裡的紀實內容，算是比較激進的呈現吧。然而，回顧死亡並反問其意義，在死者離開人世的地方，其實會更鮮明地展現他的生活與存在。那些細緻的陳述會進化為病毒抗體，即便只是短暫地發熱，但我相信那終將成為讓我們的生活更加有價值、更堅強的轉機。靠死亡維持生計是這個行業的諷刺，但我深信這些紀實內容會產生作用，這是一種社會責任的自覺，激勵我繼續寫作。

猶如能讓人放心汲水的水龍頭，一本書的完成需要很多人幫助：面對這種在市場書裡很難處理的主題，卻欣然伸出援手的崔恩熙（音譯）；每當我猶豫不決時，讓我安心並親自打亮燈光引導我的吉恩秀（音譯）編輯；為了讓更多人靠近這個水龍頭，幫忙開道的金英社及設計、行銷、宣傳等所有工作人員……。還要特別向為了尋找生活的真實，而長時間忘記寫作的作家、我的妻子H表示感謝。

國家圖書館出版品預行編目（CIP）資料

我是遺物整理師 / 金完（김완）著；馮燕珠譯 . -- 初版 . -- 新北市：遠足文化，2021.03
256 面；14.8 X 21 公分
譯自：죽은 자의 집 청소
ISBN 978-986-508-087-7（平裝）

489.66 110000471

我是遺物整理師

죽은 자의 집 청소

作　　者 —— 金完（김완）
譯　　者 —— 馮燕珠
特約編輯 —— 張召儀
總 編 輯 —— 李進文
執 行 長 —— 陳蕙慧

行銷總監 —— 陳雅雯
行銷企劃 —— 尹子麟、余一霞、張宜倩
封面設計 —— 張巖
內頁排版 —— LittleWork 編輯設計室

社　　長 —— 郭重興
發 行 人 —— 曾大福
出 版 者 —— 遠足文化事業股份有限公司
地　　址 —— 231 新北市新店區民權路 108-2 號 9 樓
電　　話 —— (02) 2218-1417
傳　　真 —— (02) 2218-0727
客服信箱 —— service@bookrep.com.tw
郵撥帳號 —— 19504465
客服專線 —— 0800-221-029
網　　址 —— https://www.bookrep.com.tw
臉書專頁 —— https://www.facebook.com/WalkersCulturalNo.1
法律顧問 —— 華洋法律事務所　蘇文生律師
印　　製 —— 呈靖彩藝有限公司

定　　價 —— 新臺幣 340 元

初版十一刷　西元 2023 年 2 月
Printed in Taiwan